제주도시건축의
친환경 수법

제주도시건축의
친환경 수법

지은이 김태일 양건 현군출 오창훈
펴낸이 강정희
펴낸곳 도서출판 각 Ltd.┳

초판 인쇄 2020년 10월 28일
초판 발행 2020년 11월 3일

도서출판 각 Ltd.┳
주소 (63168) 제주특별자치도 제주시 관덕로6길 17 2층
전화 064·725·4410
팩스 064·759·4410
등록번호 제651-2016-000013호

ISBN 979-11-88339-59-4 03540

값 15,000원

제주도시건축의
친환경 수법

김태일 양 건 현균출 오창훈

GAK

출간하며

　산업혁명 이후 세계 각국은 급속한 산업화의 길을 걸었고, 이는 유한(有限)한 자원을 짧은 기간에 막대한 자원을 소비함과 아울러 환경 자체를 파괴하는 결과를 가져왔다. 이와 같은 전 세계적인 문제를 '지구환경문제'라 부르고 있다. 지구환경문제의 근본적으로 해결하기 위해 환경보호와 자원절약 기술개발이 필수적이며 건축에 있어서도 '환경 친화적인 건축'의 개발과 보급의 필연성이 대두되고 있는 실정이다. 그 배경에는 1992년 브라질에서 개최되었던, 'Global Summit'의 리오선언은 이와 같은 환경 친화적인 개발의 중요성을 뒷받침하는 계기가 되었다고 할 수 있다. 이러한 사회적 경제적 배경에서 지금까지의 건축에 대한 기본개념인 '인간이 거주하며 모든 쾌적한 생활을 영위하기 위한 공간'이라는 차원을 넘어, 현세와 후세에 걸친 인류의 생존과 지구환경문제에 기여하기 위한 건축분야의 대안으로써의 그린빌딩이 중요하다고 할 수 있다.

　기후변화에 대응하는 녹색정책의 핵심은 전기차 100% 목표가 중요한 것이 아니라 근본적으로 자동차를 줄여나가는 정책, 전력공급을 100% 신재생에너지로 대체하는 일이 중요한 것이 아니라 에너지 사용을 줄이는 정책이 중요한 것이다. 도시와 건축레벨에서의 정책적 접근이 중요하다는 점이다. 왜냐하면 건축부분의 온실가스는 총 온실가스의 발생의 약 44%, 에너지 이용량의 약 62%를 차지하고 있다는 점을 고려할 때 건축분야의 탄소배출억제정책이 더욱 중요하기 때문이다. 그렇기 때문에 녹색산업시장을 선도하고 기술습득으로 이어질 수 있도록 후속적인 친환경구축사업 추진이 필요하며 대안으로써 좁게는 건축적 레벨에서의 추진과 넓게는 도시적 레벨에서 추진되어야 한다. 1차적으로 공공건축물을 중심으로 친환경건축 모델사업을 추진하면서, 2차적으로는 친환경도시 조성으로 연계 추진될 수 있도록 도시계획차원에서 적극적으로 반영할 필요가 있다.

본서는 크게 3부로 구성되어 있다. 제Ⅰ부는 제주도시건축의 현황과 친환경 구축의 필요성을 다루고 있고, 제Ⅱ부는 제주적인 친환경 건축 조성에 대한 내용을 다루고 있다. 그리고 제Ⅲ부에서는 제주도시 내 보행숲 조성의 접근방안을 다루고 있다. 제주도가 직면해 있는 도시건축의 문제점을 살펴보고, 환경관 경관의 섬, 제주도가 지향해야 할 것이 무엇인지를 짚어보고 구체적인 실행방안을 제시하고자 하였다. 친환경 도시건축의 구축을 위해 포괄적이고 거대 담론을 제시하기보다는 제주지역의 현실적인 여건을 고려하여 실천 가능한 구축방안을 제시하고자 노력했다. 본서가 제주 도시건축의 친환경구축을 위한 작은 디딤돌이 되었으면 하는 바람이다.

2020년 10월

제주대학교 아라캠퍼스에서
김태일

차례

출간하며
서문

제 I 부 제주도시건축의 현황과 친환경 구축의 필요성

1. 제주도시건축의 현황과 문제점 _ 김태일 | 19
  1-1. 제주도시건축, 무엇이 문제인가? | 19
    (1) 제주 도시개발방식의 문제 | 20
    (2) 상업자본이 만드는 부자연스러운 도시경관 문제 | 22
  1-2. 제주도시건축의 친환경 구축이 필요한가? | 25
    (1) 도시계획의 신조류, 뉴어바니즘 | 25
    (2) 기후환경의 변화에 대응하는 도시건축의 변화 | 28
      1) 제주기후의 특징: 육지부와의 기후특징 비교 | 28
      2) 제주도 에너지 소비의 증가 | 31
      3) 옥상녹화로 복사열을 줄일 수 있을까? | 32
  1-3. 용어의 정리 | 33
    (1) 환경친화적인 건축(Environment-ally-responsive Building), 환경공생형빌딩 | 33
    (2) 생태건축(Ecological Architecture) | 34
    (3) 지속가능한 건축(Sustainable Architecture) | 34
    (4) 그린빌딩(Green Building) 그린홈(Green Home) | 35

2. 친환경건축의 국내외 사례와 시사점 _ 김태일 | 36

  2-1. 일본 사례1: 다케나카건설 동경지사(竹中工務店東京本店) | 36

    (1) 업무환경의 질적 개선으로 생산효율 향상 | 36

    (2) 기존 사무공간과 다른 개방된 업무공간으로 부서 간의 효율적인 커뮤니케이션 | 38

    (3) Lower Cost Building /Passive Solar Design | 39

  2-2. 일본 사례2: 일본과학미래관 | 41

  2-3. 국내 사례: 홈플러스 부천점 | 46

3 공공건축 업무환경의 사용자 평가 _ 오창훈 | 51

  3-1. 들어가며 | 51

  3-2. 업무공간을 어떻게 평가하고 있는가? | 54

    (1) 업무공간에 대한 평가 | 54

    (2) 인자분석으로 본 업무환경 관련 주요 키워드 | 57

    (3) 인자득점으로 본 연령별, 사용층수별, 업무공간방향별, 근무기간별 실내환경평가 | 58

  3-3. 군집분석에 의한 사용자의 유형화와 유형별 평가 | 59

    (1) 인자득점의 분포로 본 청사별 특징 | 59

    (2) 군집분석에 의한 사용자 분류도 | 61

    (3) 그룹별 청사 사용재료의 질적평가 | 62

  3-4. 청사의 그린빌딩화에 대한 인식 | 65

    (1) 청사의 그린빌딩화에 대한 평가 | 65

    (2) 청사의 그린빌딩 적용수법에 대한 평가 | 67

3-5 맺으며 | 68

    (1) 어떻게 개선할 것인가? | 68

    (2) 해결해야 할 문제 | 69

제Ⅱ부 제주적인 친환경 건축 조성하기

4. 제주형 친환경 건축의 필요성과 인증기준 설정 _ 현군출 | 73
  4-1. 국외의 친환경 건축물 인증기준 | 73

    (1) 미국의 친환경 인증기준(LEED)의 기준내용과 특징 | 73

    (2) 영국의 친환경 인증기준(BREEAM)의 기준내용과 특징 | 76

    (3) 일본의 친환경 인증기준(CASBEE)의 기준내용과 특징 | 78

    (4) 국내외 친환경 인증제도

        : GBCC, LEED, BREEAM, CASBEE 비교표 | 82

  4-2. 국내의 친환경 건축물 인증현황과 기준 | 83

    (1) 서울특별시 인증 기준과 특징 | 83

      1) 친환경 건축물 인센티브 | 83

      2) 평가기준 및 시상 | 84

      3) 심사 수수료 지원제도 | 84

    (2) 대전시 인증기준과 특징 | 85

      1) 특징 | 85

      2) 운영방법 | 85

  4-3. 제주지역에서의 친환경 건축물 인증원칙 검토 | 86

5. 친환경건축화를 위한 공공건축물의 재생 _ 양건 | 89

  5-1 들어가며 | 89

  5-2. 제1청사의 열손실현황분석 | 90

      (1) 제1청사 외피 에너지손실부분 현황파악 | 90

      (2) 문제점 및 개선점 도출 | 95

  5-3. 에너지 절약측면에서 그린빌딩화 적용수법 및 타당성 평가 | 96

      (1) 건축측면에서의 수법 및 평가 | 96

         1) 건축적 적용수법 검토 | 96

         2) 모델링 개요 및 해석모델을 위한 시뮬레이션 프로그램 | 97

         3) 제1청사와 해석모델의 오차분석 | 98

         4) 해석모델 시뮬레이션 결과 | 98

         5) 최적 이중외피를 위한 요소 평가 | 101

      (2) 식생 측면에서의 수법 및 평가 | 104

         1) 식생계획의 조건 | 104

         2) 식생계획 수법과 평가 | 104

  5-4. 맺으며 | 105

제Ⅲ부 제주도시 내 보행숲Greenway 조성하기

6. 친환경 보행숲Greenway의 필요성과 조성원칙 _ 김태일 | 111

  6-1. 들어가며 | 111

  6-2. 제주도시디자인 전략으로써 보행숲Greenway 조성의 필요성 | 113

      (1) 지역사회의 효과 | 113

(2)정책적 시사점 | 114

　　(3) 국내외 사례 및 시사점 | 114

6-3. 절대적으로 녹지공간이 부족한 제주시 도시공간 | 118

　　(1) 인문학적 현황 | 118

　　(2) 물리적 현황 | 119

6-4. 보행숲Greenway 조성을 위한 방향과 원칙 | 122

　　(1) 보행숲Greenway 조성 방향 | 122

　　(2) 보행숲Greenway 조성 개념과 원칙 | 125

　　(3) 보행숲Greenway 조성을 위한 구성 요소: 점(点), 선(線)에서 면(面)으로 확산 | 126

　　(4) 핵심 점(点)적 요소와 선(線)적 요소의 중요성 | 128

　　　　1) 점(点)적 요소1(공원) | 128

　　　　2) 선(線)적 요소1(도로) | 129

　　　　3) 선(線)적 요소3(하천) | 131

7. 보행숲Greenway 조성의 구체적 실천방안 _ 김태일·양건·현군출

: -제주시 3대 하천 활용을 중심으로- | 134

7-1. 대상지 선정 | 134

7-2. 영향권분석으로 본 점(点), 선(線)적 요소 연계가능성 | 136

7-3. 문제점 도출을 위한 지역조사: 점, 선, 면적 요소(1단계 조사) | 137

　　(1) 선(線)적 요소3(하천)의 기초 조사 | 137

　　　　1) 산지천 장소적 특징과 문제점 | 137

　　　　2) 산지천의 역사 | 139

(2) 선(線)적 요소1(도로)의 기초 조사(1단계 조사) | 141

    1) 도로의 보행환경 평가항목 | 141

    2) 도로의 보행환경 평가결과 | 142

7-3. 보행숲Greenway 조성을 위한 시뮬레이션 대상지 선정(2단계 조사) | 144

  (1) 시뮬레이션 대상지 선정 | 144

  (2) 시뮬레이션 대상지의 특징 | 145

    1) 한천 | 145

    2) 전농로 | 147

7-4. 대상지 영역별 보행숲Greenway 조성 시뮬레이션 | 151

  (1) 1단계 및 2단계 분석정리 종합 | 151

  (2) 한천 및 전농로의 보행숲Greenway 조성방안 | 152

    1) 한천에서의 보행숲Greenway 조성방안 | 152

    2) 전농로에서의 보행숲Greenway 조성방안 | 157

7-5. 맺으며 | 169

  (1) 가치와 의미 | 169

  (2) 보행숲Greenway 조성을 위한 후속조치 | 170

    1) 보행숲Greenway 조성에 따른 지역마케팅 전략수립 | 170

  (3) 지역재생과 연계한 실천구상 - 점(点)적인 개발에서 선(線)적 개발, 면(面)적 개발로의 전환 - | 172

서문

최근 국제사회의 심각한 이슈로 대두되고 있는 지구 온난화 등 환경문제는 효율적 에너지 이용과 친환경 구축 방안을 요구하고 있으며, 건축 및 도시 문제와 불가분의 관계로서 도시 계획적 측면에서도 인간 그리고 동·식물에게 기본적 삶의 보장과 자연자원의 장기적인 안정성 보장을 강력히 촉구하고 있다.

이러한 사회적 경제적 배경에서 지금까지의 건물에 대한 기본개념인 '인간이 거주하며 쾌적한 생활을 영위하기 위한 공간'이라는 차원을 넘어, 현세와 후세에 걸친 인류의 생존과 지구환경문제에 기여하기 위한 건축분야의 대안으로써의 그린빌딩이 중요하다고 할 수 있다.

그러나 현실적인 여건은 그린빌딩의 사업성 및 공공성의 측면에서 민간분야에서의 추진에는 한계가 있으며, 그에 대응하기 위한 공공건축물 활용, 그리고 노후화지역에서의 주거환경의 쾌적화를 위한 기존건축물 활용의 기본방향을 구체화하고, 일반인이 공감할 수 있는 사업 추진 및 유도 방안 수립이 요구되고 있는 실정이다.

본서는 환경을 기초로 하는 제주도시건축의 지향점을 다루고 있다. 장기적으로는 불필요한 도시재개발을 지양하고 기존건축물의 적극적인 활용 가능성을 제시함으로써, 향후 공공 및 민간분야에서의 친환경 도시건축의 구축을 위한 정책적 방향성과 계획의 원칙과 수법을 제시하는 일종의 지침서로서 역할을 기대하며, 이에 대한 자료가 많지 않은 현실에서 본서의 출간은 가치가 크다고 생각된다.

본서는 크게 3부로 구성되어 있다. 제1부는 제주도시건축의 현황과 친환경 구축의 당위성 혹은 필요성을 다루고 있으며, 제주도시건축의 개발현황과 문제점, 친환경 인프라구축이 필요한 점을 강조하고 있다. 이와 관련하여 국내외 사례분석과 지역을 대표하는 공공건축물의 업무환경에 대한 사용자의 인식 조사연구를 통해 친환경건축 구축의 방향을 모색한다. 제2부는 제주적인 친환경 건축 조성을 다루고 있다. 세부적으로는 왜 제주형 친환경건축인가, 이를 인증하기 위한 기준을 어떻게 구성해야 하는가를 필자의 시각에서 제안하며 제1부에서 제기했던 공공건축 사용자의 인식에 기초한 친환경 공공건축물의 재생에 대하여 시뮬레이션한 내용을 담고 있다. 그리고 제3부는 도시적인 차원의 내용을 제시하고 있는데 핵심적인 내용은 도심내 보행숲 일명 그린웨이(Greenway)조성이다. 그 필요성과 조성을 위한 원칙수립과 아울러 조성을 위한 방안으로 구체적인 장소를 대상으로 실천적인 수법을 제안하고 있다.

제 I 부

제주도시건축의 현황과 친환경 구축의 필요성

제 I 부

제주도시건축의 현황과
친환경 구축의 필요성

1. 제주도시건축의 현황과 문제점

1-1. 제주도시건축, 무엇이 문제인가?

　사회발전을 위해서는 당연히 개발을 하여야 하고 그렇지 않으면 자연히 다른 지역에 비해 낙후될 수밖에 없는 것이다. 필요에 따라서는 도로를 개설하여야 하고, 쾌적한 주거환경을 만들기 위해 구획정리나 택지개발도 하여야 할 것이고, 시민의 문화적 욕구를 충족시키기 위한 문화시설도 지어야 할 것이다. 그러나 개발 그 자체는 자연환경의 관점에서 본다면 규모와 공공적 성격의 크고 작음에 관계없이 자연파괴 행위일 수밖에 없는 것이다. 문제는 얼마나 효과적이고 합리적으로 개발을 추진할 것인가에 관한 개발방식이다.

　난개발이란 정해진 법적 절차에 따라 개발을 하였으나 그 개발로 인하여 오히려 자연재해를 유발시키거나 주거환경을 저해시키는 본래의 목적과는 다른 결과를 초래하는 개발행위를 의미하는 것이다. 모든 것이 법대로 이루어질 수 없다. 법은 최소한의 조건을 제시한 가이드라인에 불과 한 것이다.

(1) 제주 도시개발방식의 문제

제주에서 일어나고 있는 난개발의 행태를 보면 실로 다양하다고 할 수 있다.

첫 번째 방식은 가장 흔한 방법인 '전면철거(Scrape and Built)'방식이다. 즉 부지의 환경조건에 대하여 전체를 남길 것인지 부분적으로 남길 것인지에 대한 고민도 없이 깨끗하게 밀어내고 새롭게 건축물을 짓고 새롭게 나무를 식재하는 간단한 개발방식이다(그림 1). 어떠한 형태로든 부지에는 오랜 시간적 흔적이 있다. 택지개발예정지역이 평범해 보이는 초지라 하더라도 사소한 것이지만 남겨두어야 할 것이 있는 것이다. 그곳에는 자연스럽게 형성된 길도 있을 것이고, 정성껏 쌓아 올린 돌담도 있을 것이고 비바람을 견디고 성장해온 나무도 있을 것이다. 이런 흔적들을 깨

그림 1. 첨단과학기술단지조성 당시 모습(왼쪽)과 일도지구 택지조성 당시 모습(오른쪽)

끗이 정리해 버리고 새로운 건축물을 지으니 자연히 제주다운 풍경이 사라지게 되고, 과거와 현재가 적층된 품위 있고 역사가 흐르는 도시가 되지 못하는 것이다.

두 번째 방식은 '대규모(Big Scale)'방식이다.

많은 사람들에게는 넓은 부지에 높은 건축물을 가능한 한 많이 지어야 한다는 강박관념이 지배적이다. 특히 개발업자는 한정된 부지에 최대의 이익을 얻기 위해 넓고 높게 개발하고자 하는 것이 목표이다. 그 사람들에게는 주거환경이나 도시경관에 대하여 고민보다는 이익극대화가 우선적인 것이다. 이는 단순히 개발업자에게 한정되는 것이 아니라 시민을 위한 공공건축물을 발주하는 행정기관의 개발도 마찬가지이다.

세 번째 방식은 '메우고 덮는(reclaim and cover)'방식이다.

건천이나 바다를 너무 간단하게 복개하고 매립하는 방식이디(그림 2). 주차장을 확보한다고 건천을 복개하거나 시민의 휴식공간을 확보한다며 바다를 매립해버리니 바다가 있으되 바다가 보이지 않고, 하천은 있으되 지하로 묻혀버리는 어리석은 개발행위가 반복되고 있는 것이다.

네 번째 방식은 '불균형적인(Unbalance)' 방식이다.

그림 2. 복개된 한천 모습

애초 저밀도 주거지역으로 개발하였던 주거지역에 고층건축물이 들어서고 근린생활시설이 무분별하게 들어서고 있으니 주민들 입장에서 보면 건축, 도시행정에 대하여 불신할 수 밖에 없을 것이다. 도시계획을 수립할 때 신중하게 검토하되 일괄되게 집행하여야 하는 정책의 문제로 연결된다.

(2) 상업자본이 만드는 부자연스러운 도시경관 문제

관광개발정책을 통해 변화를 꿈꾸어 왔던 제주사회의 발전은 내재적 발전보다는 외재적 발전을 통한 변화를 지속적으로 시도하여 왔고, 그 결과 자의적 변화라고 하기보다는 타의적으로 변화되어 왔다. 제주사회가 갖는 역사 문화적 정체성과 삶의 정신을 반영하고 계승하기 위한 참여의 기회마저 없이 외부 상업자본에 의해 수립된 계획을 무비판적으로 수용할 수밖에 없었고, 지역의 역사와 문화적 가치와 제주인의 삶의 모습을 보고, 듣고, 느끼고 생각하게 하는 관광지가 아니라 대규모 단지화되고 상업화된 관광지와 관광시설물을 따라 아이쇼핑하듯 스쳐 지나가는 백화점식 관광지화로 되어가고 있다.

또한, 개발과정에서 지역과 행정 간의 갈등, 그리고 주민과 주민간의 갈등은 제주사회의 발전을 저해하는 요인으로 작용하고 있기도 하다. 한라산을 배경으로 억척같이 살아온 제주사람들의 삶이 스며든 제주 고유의 문화풍경 역시 상업자본의 논리 아래 크게 변하여 온 것은 우리 모두가 인지하고 있는 사실이다.

상업자본의 주체들이 조금이라도 제주지역의 역사와 문화적 가치를 인식하고 제주사람들의 삶의 철학을 존중하였더라면 지금 제주사회는 발리와 지중해의 그리스를 능가하는 세계적인 관광도시가 되었으리라 필자는 생각해 본다. 왜냐하면 제주의 땅이 특이한 만큼이나 제주의 역사와 문화도 특이하여 차별화될 수 있는 잠재적 가치가 높기 때문이다.

오랫동안 제주도가 추진해 왔던 7대 선도프로젝트 대상지의 하나인 예례동 휴양형 주거단지뿐만 아니라 제주시 신시가지, 그리고 심지어는 무근성 일대의 원도심(原都心)에 초고층화 개발로 인해 큰 논란이 있었다. 이러한 고층화 중심의 개발 배경에는 주력산업의 쇠퇴와 경기침체에 따른 지역주민의 경기활성화라는 기대감, 그리고 국제자유도시에 걸맞는 외국자본의 투자유치를 통해 새로운 도약을 꿈꾸었던 행정기관의 의지 등 복잡하고 다양하게 변해가는 제주사회 현안을 반영하고 있는 것으로 생각된다.

그러나 고층화의 목적을 지역의 랜드마크 구축과 경기활성화에 두고 있는 점은 다시 한번 생각할 문제이다. 세계적인 금융경색이 심화되고 있

그림 3. 바다에서 본 제주 신시가지의 모습. 상업자본이 만든 경관의 단면을 보여준다. 왼쪽 고층 건축물이 롯데시티호텔, 오른쪽 붉은 색표시가 드림타워 건축 전 시뮬레이션에서 예측되었던 고도이다.

음에도 불구하고 막대한 자본과 시간을 요구하는 고층건축물을 짓고자 하는 것은 주변의 뛰어난 경관자원을 즐기고 감상할 수 있는 상품화된 공간을 만들려는 의도도 있겠으나 궁극적으로는 한정된 공간을 최대한 고밀화, 집적화시켜 새로운 상업공간의 창출을 통해 자본회수를 원활히 하고자 하는 것이 주요 목적이다. 이것은 부정할 수 없는 상업자본의 속성인 것이다(그림 3).

그러나 일정규모의 저층 혹은 중층형태의 개발이 제주의 뛰어난 경관자원을 고급스럽게 상품화할 수 없는 것은 아니다. 그리스와 피렌체, 베네치아, 그리고 파리, 런던과 같은 세계적인 관광도시와 지역에는 고층건축물이 많지 않거나 거의 없다. 그 배경에는 그들이 오랫동안 간직하고 있는 역사와 문화, 환경 자원의 가치를 높이 평가하고 있고 이들 요소가 지역의 중요한 랜드마크로 인식하고 상품화하려는 주민과 행정의 의지와 인식을 공유하고 있기 때문이다.

도시학자 케빈 린치(Kevin Lynch)는 랜드마크는 건축물 크기의 문제가 아니라 장소에 대한 인지라고 하였다. 어떻게 장소성을 적극적으로 표출하는가가 중요하다는 것이다. 역작으로 평가받는 고산자(古山子) 김정호의 '대동여지도 제주판'을 보면 한라산과 건천, 수많은 오름과 길을 표시하고 있다. 이러한 요소들이 현대적 지도표시가 공식화되지 않은 당시의 여건을 고려한다면 김정호 선생의 눈에 비친 제주의 랜드마크였다고 할 수 있다.

그렇기 때문에 오랫동안 인지하여 왔던 제주의 고유한 랜드마크를 무시하고 초고층화 건축물로 새로운 랜드마크를 만들려는 것은 조화롭지 못한 경관을 만들 위험성이 높을 수밖에 없다. 먹고 사는 산업구조적인 문제의 차원을 넘어 고유한 제주의 문화풍경 전반을 변모시키는 문제이다. 이는 수십 년 전부터 이루어져 왔던 관광개발과 크게 다를 것이 없기 때문이다. 상업자본의 투자유치는 투자하고자 하는 지역의 가치를 어떻게 극대화시키는가가 가장 중요하다고 할 수 있으며, 문화관광의 기본인 것이며 또한 투자의 가치를 높일 수 있는 것이다.

또 하나 우리가 간과하지 말아야 할 중요한 점은 제주의 역사와 문화적 가치 못지않게 제주사람들의 실질적인 삶의 향상을 위한 개발프로그램이 담겨있는지도 중요한 문제이다. 평화의 섬, 평화를 사랑하는 사람들이 사는 제주를 어떻게 지속가능한 삶의 도시이자 관광도시로 개발할 것인지 냉정하게 생각하여야 할 시기이다.

1-2. 제주도시건축의 친환경 구축이 필요한가?

(1) 도시계획의 신조류, 뉴어바니즘

20세기 초반 근대건축의 거장(巨匠) 르 꼬르뷔제가 주장한 도시계획이론의 글로벌 스탠다드화와 그의 도시이론을 성실히 적용한 많은 국가의 도시에서 20세기 후반에 적지 않은 문제가 표면화되기 시작하였다. 그에 대한 반성으로 미국의 뉴어버니즘, 영국의 어번빌리지, 유럽의 컴팩트시티 운동 등 국가와 지역에 따라 다양한 도시계획수법이 시도되고 있다. 이러한 도시운동은 도시의 지속가능성을 전제로 하는 것이다. 이는 국가와 도시의 경쟁력과 직결되며, 궁극적으로 도시의 경쟁력은 시민의 삶의 질과 직결되는 문제이기 때문이다.

그러나 우리나라 만큼이나 매년 수많은 도시를 새롭게 건설하는 국가는 없을 것 같다. 여기에는 한국인의 독특한 주거의식인 집에 대한 집착과 부동산의 자산적 가치에 대한 집착, 여기에 정치적 영향까지 가세하다 보니 미래지향적인 도시디자인이 적절히 반영되지 못한 채 자동차 중심의 도시가 끊임없이 생산되어 왔던 것이 우리의 현실이다.

유럽의 도시에서 느낄 수 있듯이, 도시의 형성은 오랜 시간을 두고 시간이라는 흐름 속에서 인간 활동들의 축적과정을 거치며 구축되어 지는 것이며 인간 활동의 변화 흐름에 따라 성장하기도 하고 쇠퇴하기도 하며 때로는 진화하기도 하는 것이다(그림 4~그림 6). 그래서 흔히들 도시는 생명체의 집합체라고 정의하는 것도 이와 같은 이유 때문이다. 도시의 성장과 진화, 쇠퇴의 과정을 거치면서 더욱 다양한 도시건축을 생산해 내면서 도시만의 독특한 이미지, 풍경들이 만들어지게 된다. 이것을 우리들은 문화풍경이라고 부

그림 4. 역사와 문화적 가치의 다양성을 찾을 수 있는 이탈리아 베네치아

그림 5. 스페인 바르셀로나의 보행자전용길

그림 6. 독일 함부르트의 전통건축물이 남아 있는 마을거리

른다.

도시의 문화풍경(文化風景)을 만들어 가기 위해서는 우리들이 잊지 말아야 하는 것은 인간과 자연에 대한 배려, 그리고 인간과 자연과의 공존과 조화라는 점이다. 근대도시계획은 상업지역 혹은 주거지역 등으로 구획한 도시공간(都市空間) 속에 널찍한 녹지 한가운데 고층빌딩을 세우고 균등하게 짜여진 도로로 연결되는 지극히 단순하며 획일적 도시공간이었다. 상당히 기능적이고 생산적인 도시구조임에 틀림없지만, 여기에는 인간이라는 생명체의 활동을 수용하고 자연환경의 요소가 녹아 스며들지 못하였기 때문에 오늘날 많은 비판을 받고 있기도 하다.

그래서 최근 뉴어바니즘 이론으로서 "휴먼 신도시"가 주목을 받고 있는 것과도 이와 같은 배경에 있는 것이기도 하다. "휴먼 신도시"의 조건은 지극히 인간중심의 도시를 추구하고자 하는 도시계획의 실천방안이라고 할 수 있다. 구체적인 실천방안을 정리하면 다음과 같다.

첫째, 걷기 편한 도시구조를 추구하는 점

둘째, 일하고 거주하고 즐기는 곳을 같은 지역에서 해결하는 점

셋째, 다양한 계층의 주택을 함께 건설하는 점

넷째, 주거 및 오피스의 밀도를 높이며 중·저층의 건물을 중심으로 건설하는 점

다섯째, 전통재료와 형태를 지향하며, 광장 및 상가 등을 마을중심에 배치하는 점

여섯째, 보행로를 따라 소규모 자연공원이 자연스럽게 연결되어 도시 내 쾌적함을 주는 점 등을 들 수 있다.

(2) 기후환경의 변화에 대응하는 도시건축의 변화

1) 제주기후의 특징: 육지부[1]와의 기후특징 비교

제주와 육지부의 기후적 특징을 과거 10년간(2002년~2011년) 자료를 비교해 볼때, 제주의 평균기온 과거 변화추이는 전국의 주요도시와 비교할 때 상대적으로 높은 편이다(그림 7). 이는 지리적인 특성이 일정 부분 반영된 것으로 보인다.

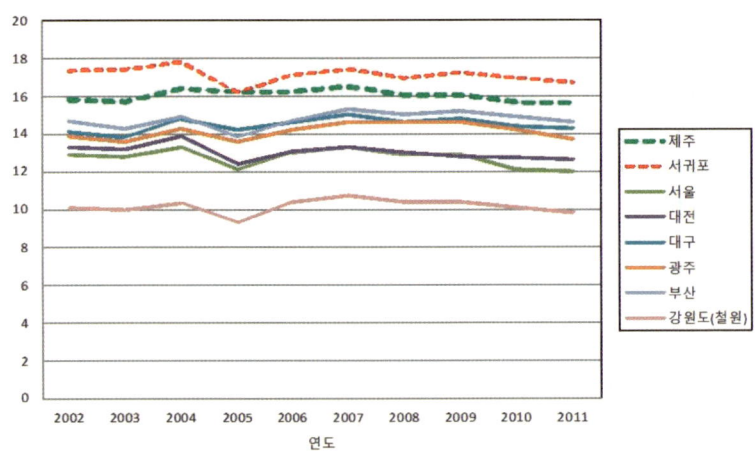

그림 7. 과거 전국 주요도시의 평균기온 비교(주: 기상청 자료에 의해 재작성)

최저기온과 최고기온 변화추이에 있어서도 전국의 주요도시와 비교할 때 상대적으로 높은 것으로 나타났다(그림 8). 특히 최고기온의 변화는 지속적으로 증가하고 있고 2006년을 전후하여 변화추세를 보이고 있는

---

1) 제주에서는 한반도를 육지부라 통칭한다. 도서지역인 제주에서 바라볼 때 육지로 이어진 지역으로 부른다.

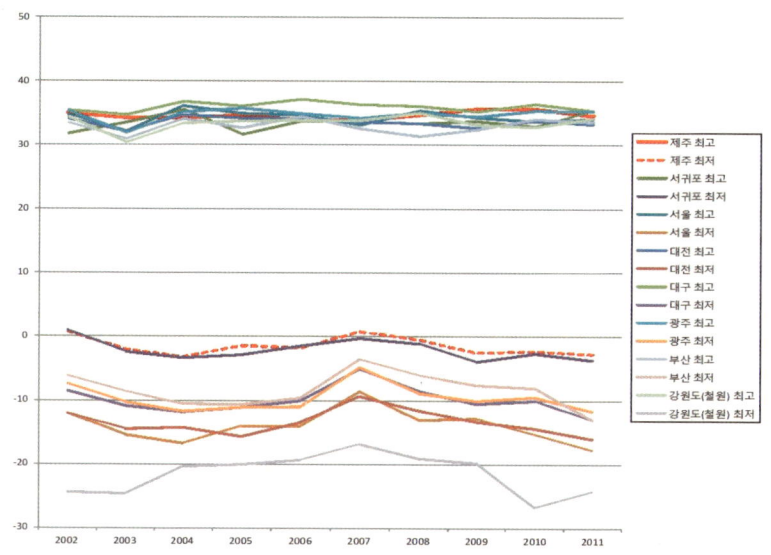

그림 8. 과거 전국 주요도시의 최저 및 최고기온 비교(주: 기상청 자료에 의해 재작성)

데 이는 7월과 8월의 기온이 상대적으로 증가하고 있다는 것을 의미한다. 이는 온난화 등 기후 변화의 영향뿐만 아니라 급속한 도시화의 영향과도 밀접한 관련을 갖는 것으로 생각된다.

그리고 연평균지중온도 (50cm)를 통해 알 수 있는데 우리나라의 연평균지중온도(50cm) 5℃ 초과의 연간

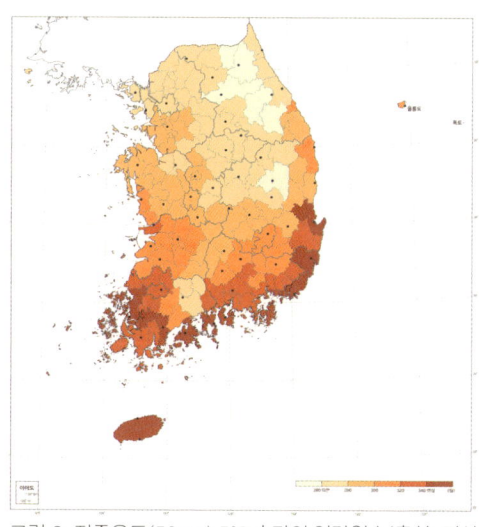

그림 9. 지중온도(50cm) 5℃ 초과의 연간일수(출처: 기상청, 1981년-2010년 한국기후도)

일수가 가장 많은 곳은 제주특별자치도의 서귀포로 364.9일이며 상대적으로 제주지역이 따스한 편이지만 온난화되고 있음을 의미한다(그림 9).

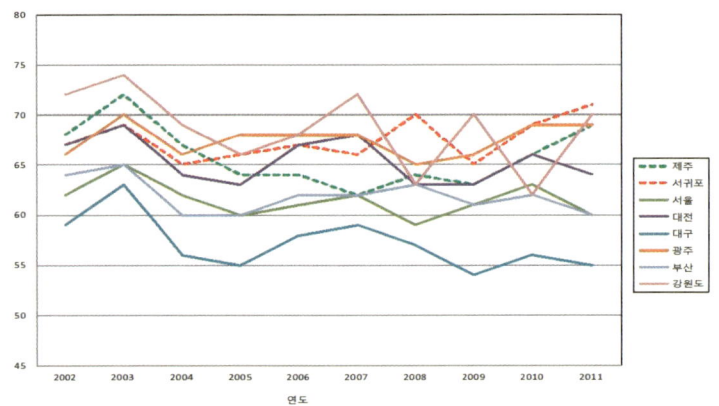

그림 10. 과거 평균상대습도(주: 기상청 자료에 의해 재작성)

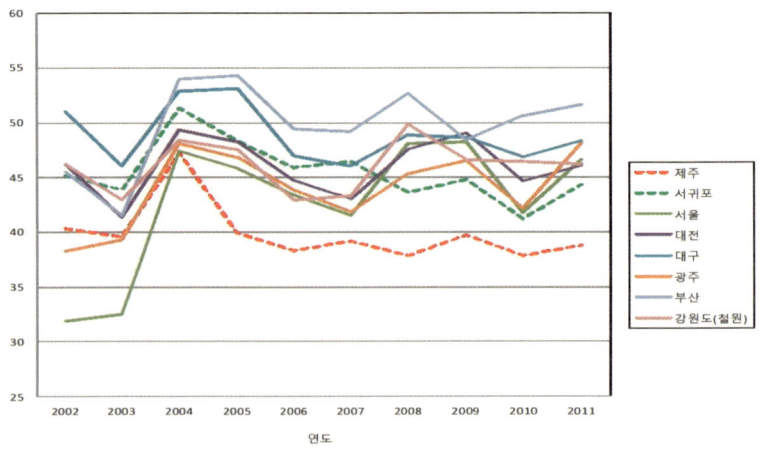

그림 11. 과거 일조량(단위: 백분율)(주: 기상청 자료에 의해 재작성)

또한, 상대습도의 경우 도서지역의 특성을 반영하고 있듯이 제주지역에서의 상대습도가 전국주요도시와 비교할 때 상당히 높은 편이다(그림 10).

특히 일조량에 있어서는 전국주요도시와 비교할 때 낮은 편이며 2005년을 전후로 급속하게 일조량이 감소하고 있는 특징을 보이고 있다(그림 11). 이와 같은 현상은 태양광, 태양열을 이용한 신재생에너지를 효율적으로 사용하기에는 여러 가지 어려운 점이 많다는 것을 의미하는 것으로 생각된다.

2) 제주도 에너지 소비의 증가

이와 같은 기후변화는 에너지 소비량의 지속적인 증가로 이어지고 있다. 연도별 변화를 보면 난방용 에너지 소비량이 많은 12월과 1월이 에너지 소비가 많은 편이며, 7월과 8월의 냉방용 에너지 소비는 난방에너지의 소비량에 가까운 증가세를 보이고 있다(그림 12).

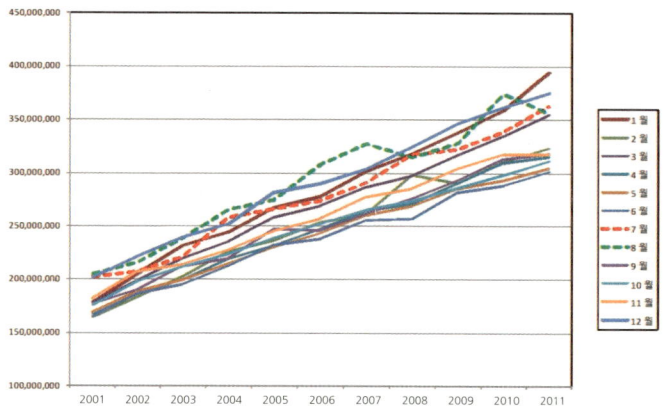

그림 12. 연도별 월간전력수요(단위: kWh) (출처: 한국전력거래소 자료)

특히 본격적인 여름철에 접어든 8월 경우 냉방에너지 소비가 많으며 이는 기후적인 요소에 의한 것도 있겠으나 도시화로 인하여 열대야현상이 지속되고 있는 현상과도 밀접한 관련성을 갖고 있는 것으로 보인다.

3) 옥상녹화로 복사열을 줄일 수 있을까?

변해가는 기후변화에 대응하고 에너지를 덜 사용하는 친환경도시건축을 조성하기 위해서는 태양광, 태양열 등 다양한 기계설비를 활용하는 방법과 건축물의 단열을 높이고 도시 내의 복사열을 감소시키는 다양한 방법들에 대한 논의가 필요하다고 할수 있다.

그중에서 도심열섬 현상을 감소시키기 위해 도심 숲을 확대하고 개별건축물을 친환경적으로 조성하는 것이 매우 중요하다고 할 수 있다. 특히 개별건축물의 경우 입면녹화와 옥상녹화를 통해 한낮 동안 건축물에 가해지는 열을 차단함으로써 상대적으로 냉방부하를 감소시킬수 있는 효과가 크다고 할 수 있다.

실제 옥상녹화를 시뮬레이션 결과[2], 녹화를 한 공간과 녹화를 하지 않은 공간에서의 복사열 차이는 상당히 큰 것으로 파악되었다(표 1). 아울러 건축물이 놓여지는 방향과 주변환경과의 관계에 따라서도 복사열의 차이가 있는 것으로 파악되어 친환경건축기법으로서의 옥상녹화는 상당히 의미가 있다고 할 수 있다. 또한, 내부공간 조건을 고려하여 창문의 위치 및 크기 설정을 세심하게 계획하는 일도 상당히 중요하다고 생각된다.

---

[2] 건축물의 외부 열에너지 손실 현황 및 옥상녹화의 효율성을 보기 위해 열화상 카메라(IRISYS 1000 Series Imager)를 이용하여 제주시의 옥상녹화지원사업에 의해 조성된 건축물을 대상으로 외부공간을 중심으로 촬영 분석하였다. 촬영일자는 2012년 8월 16일 오후 2시부터이며 당일 최고기온 31.3℃였다.

표 1. 옥상녹화 시뮬레이션

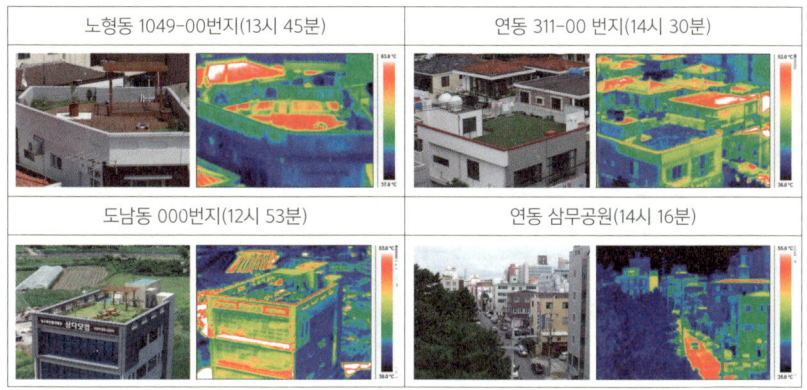

제주도의 기후적 특징을 고려할 때 신재생에너지로 부상하고 있는 풍력과 태양광, 지력에 초점을 둔 친환경 건축의 보급에는 효율적인 측면에서 한계가 있다고 생각된다.

따라서 친환경건축을 활성화하고 친환경건축 인증기준 설정 및 그린홈활성화에있어서도 패시브 디자인(Passive Design)[3] 요소에 보다 많은 비중을 두고 검토하는 것이 바람직하다.

---

[3] 친환경 수법상의 분류에는 ① 액티브 디자인(Active Design) ② 패시브 디자인(Passive Design) ③ 하이브리드 디자인(Hybrid Design)으로 구분한다. 기계적인 장치를 적극적으로 사용하는 수법이 액티브 디자인이고, 기계적 장치에 의존하지 않고 자연적인 원리에 의존하여 태양광에너지를 적극적으로 사용하는 디자인 수법을 패시브 디자인이라 한다. 하이브리드 디자인은 액티브와 패시브를 혼합하여 사용한 디자인 수법이다.

1-3. 용어의 정리

(1) 환경친화적인 건축(Environment- ally-responsive Building), 환경공생형빌딩

20세기 들어 고도 과학기술의 발달과 함께 개발의 논리와 경제성장 중심의 도시 확장은 생태계파괴로 이어져 인류의 생존문제에 직접 혹은 간접적인 영향으로 나타나고 있다. 이러한 배경 속에 환경보존의 움직임이 거세지고 도시건축분야에서도 환경보전을 기본개념으로 하는 다양한 건축운동들이 생겨나게 되었다. 환경친화적인 건축(Environment- ally-responsive Building), 환경공생형빌딩은 이러한 운동의 흐름에 있는 것이라고 할 수 있다.

(2) 생태건축(Ecological Architecture)

생태건축은 건축 그 자체를 생태학적 관점에서 바라보고 다루고자 하는 것이 주요 목적이다. 생태란 생물의 분포와 그 분포를 지배하고 있는 자연환경의 여러 요소들로 구성되어 있고 그 한 부분으로써의 건축을 추구하고자 하는 것이 생태건축이다. 따라서 생태건축은 건축을 자연생태계의 일부로 다루기 때문에 자연환경에 대한 큰 영향을 주지 않는 재료의 사용을 중요시하며, 에너지뿐만 아니라 토양, 물, 태양, 바람 등이 자연의 순환 체계 속에서 작동되도록 배려하는 것이 특징이다.

(3) 지속가능한 건축(Sustainable Architecture)

환경과 경제개발을 조화시켜 환경을 파괴하지 않고 경제개발을 한다는 개념이다. 1987년 이 말을 처음 사용한 세계환경개발위원회는 "미래세대의 욕구를 충족시킬 능력을 손상시키지 않으면서 우리 세대의 욕구를 충족시키는 개발"을 지속가능한 개발이라고 정의하고 있다. 즉 인간의 기본욕구 충족을 위해 경제개발을 할 때 생태계의 수용능력인 환경용량을 초과해서는 안 되며, 생활수준만이 아닌 삶의 질에도 관심을 기울이며, 환경과 경제를 통합적 차원에서 다루어야 한다는 것이다. 이 개념은 1992년 세계 178개국 정부대표들이 브라질 리우에서 개최되었던 Global Summit, 유엔환경개발회의에서 세계환경정책의 기준규범으로 정식 채택되었고, 이후 도시건축에서 활발한 논의가 이루어지게 되었다.

(4) 그린빌딩(Green Building) 그린홈(Green Home)

그린빌딩은 에너지 절약, 자원 절약 및 재활용, 자연환경의 보전, 쾌적한 주거환경의 확보를 목적으로 설계(Design), 시공(Construction), 운영 및 유지관리(Operation & Management), 폐기까지 건축물의 전수명주기(Life Cycle) 중에 발생하는 환경에 대한 피해가 최소화되도록 계획된 건축물을 그린빌딩이라고 정의할 수 있다.

2. 친환경건축의 국내외 사례와 시사점

2-1. 일본 사례1: 다케나카건설 동경지사(竹中工務店東京本店)

다케나카건설은 분산되어 있던 사업소의 집약과 업무효율의 향상을 목표로 한 오피스환경의 변혁을 위해 신사옥을 건설하게 되었고, 2004년 9월에 완성하게 되었다.

이 새로운 오피스는 건축과 오피스환경을 지원하는 다양한 기술에서 워크플레이스(Work Place)의 구축에 이르기까지, 특히 건축에 대한 시대의 요구까지도 포함하여 종합적인 계획을 실현하고자 한 프로젝트로 평가받고 있다.

기본적인 개념은
(1) 업무환경 질적 개선으로 생산효율향상
(2) 기존 사무공간과 다른 개방된 업무공간으로 부서 간의 효율적인 커뮤니케이션
(3) Lower Cost Building /Passive Solar Design을 들 수 있다.

(1) 업무환경의 질적 개선으로 생산효율 향상

업무공간 내 실내환경의 질적 개선을 통해 생산성을 높이기 위해 호흡하는 외피계획수법, 새로운 개념의 천장시스템도입, 실내환경에 대한 부담 저감수법 등이 적용되었다.

호흡하는 외피계획은 빛의 정원 벽에 설치된 그릴을 통해 외부공기를

유입시키고, 외벽에 지그재그로 설치된 구조브레이싱 사이의 그릴을 통해 외부공기를 유입하게 하는 수법이 적용되었다(그림 13).

그림 13. 외부전경과 외피의 분리개념도

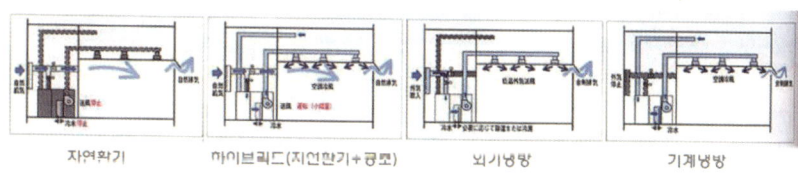

그림 14. 하이브리드 공조시스템의 개념도

또한, 하이브리드 공조에 의해 냉방부하의 절감을 위해 4가지 환기 시스템이 외부의 기상(온도, 습도, 강우, 풍향, 풍속)에 맞게 자동으로 전환, 조절할 수 있는 시스템을 도입하고 있는 것을 큰 특징으로 들 수 있다 (그림 14).

흥미로운 점은 재생 골판지를 이용하여 규격화된 철골보(H=450mm) 하부에 공조 덕트 설치의 새로운 천장시스템이다. 이러한 친

그림 15. 단열 및 내연성이 높은 알루미늄과 재생 골판지를 이용한 방화재의 모습

환경적인 재생지 사용 천장시스템은 재생골판지 형태로 운반함으로써 운반비용 절감, 시공용이성 확보가 가능케 하여 비용 측면과 작업의 효율성을 높일 수 있는 그린빌딩화 수법의 하나로 평가된다(그림 15).

(2) 기존 사무공간과 다른 개방된 업무공간으로 부서간의 효율적인 커뮤니케이션

업무공간계획에 있어서는 부서에 관계없는 자유로운 업무소통의 창출을 위해 업무공간이 개방(Open Plan)됨으로써 원활한 부서 간 이동 및 업무협의가 가능하도록 계획되었다(그림 16의 왼쪽 사진 참조). 그리고 업무공간의 개방(Open Plan)에 따른 실내의 소음 및 진동문제를 제어하기 위해 공조기 본체의 흡음, 기계실의 방음벽, 외벽개구부의 이중유리화, 천장면 글래스울, 그리고 흡음재는 알미늄 펀칭메탈을 사용하고, 사용이 빈번한 공간에는 염화비닐타일을 사용하여 소음과 진동발생이 최

그림 16. 오픈된 업무공간 내부모습. 왼쪽에 빛의 정원이 보인다. 오른쪽 사진은 빛의 정원 내부모습과 공기가 실내로 유입되는 부분을 보여주고 있다.

소화하도록 계획되었다.

특히 4개의 빛의 정원으로 형성되는 빛의 운하(Canal)를 중심으로 자연채광 및 인공조경을 주변 환경에 따라 자동 조도 조절함으로써 업무공간 환경의 쾌적성을 유지할 수 있도록 배려되었다(그림 16의 오른쪽 사진 참조).

또한 계단, 공용회의실, 엘리베이터, 화장실, 휴게실 등의 공용 계획은 이들 4개의 빛의 정원 중심으로 구성 계획되었다.

(3) 저비용 건축(Lower Cost Building) / 패시브 디자인(Passive Design)

그린빌딩화를 위해, 구조 및 마감재료, 조경, 그리고 패시브 디자인(Passive Design)의 수법 등 다양하게 적용되었다.

주변환경과 소통하는 입면이 되도록 석회석과 광섬유가 혼합된 PC패널(그림 17) 사용하여 불필요한 건설폐기물의 배출을 억제하고, 4개의 빛의 정원에 태양광 자동추적장치를 설치하여 실내에 최대 1000Lux의 자연조도를 확보하도록 계획되었다(그림 18).

수자원 활용측면에서는, 빌딩하부에 저온수(3℃) 저장탱크를 설치하여 야간에 축열하여 공조 부하 시 이용함과 아울러

그림 17. 석회석과 광섬유가 혼합된 PCa패널

그림 18. 빛의 정원 상부에 설치된 태양광 자동추적장치의 모습과 로비부분의 모습

비상시 소방용수로 활용할 수 있도록 계획되었고, 빌딩하부에는 우수저장탱크를 설치하여 화장실 용수로 활용하는 적극적인 우수활용수법을 적용하였다.

조경측면에서는 인접지 주변의 녹화 식재로 녹지 공간화하여 일사차단 효과를 높이고(그림 19), 옥상부분을 마감두께를 10cm로 최소화된 그린 카페트를 제공하며 열부하가 감소되도록 계획되었다.

그리고 태양열 집열덕트를 통해 겨울철 태양열을 이용하여 열기를 내부로 유입하고, 로이복층유리 사용으로 외부에

그림 19. 도로 경계선으로부터 건축물을 후퇴시키고 사이에 조경으로 계획하여 건축물에 대한 일사량을 저감시키고 보행자에게 쾌적한 보행환경을 제공하고 있다.

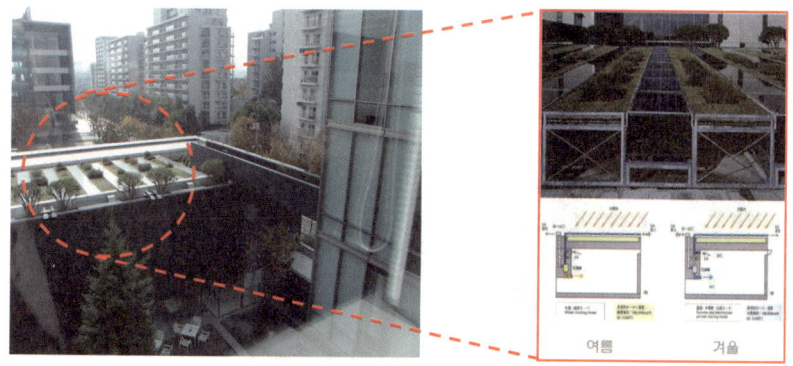

그림 20. 태양열 집열덕트의 위치와 구조도

서의 열부하가 감소되는 수법이 적용되었다(그림 20).

2-2. 일본 사례2: 일본과학미래관

일본과학미래관은 첨단과학기술과 인간을 연결하기 위한 거점으로서 2001년 7월, 동경임해부도심지구(오다이바-お台場)에 설립된 시설이다. 첨단의 과학기술에 관한 정보를 다양한 수법으로 일반 사람들에게 전달함과 아울러 미래사회에서 활약할 과학커뮤니케이트의 육성에도 전력하고 있는 시설이다. 이와 같은 활동에 있어서 연구자와 기업, 학교 등의 사회 각 분야와 연계하여, 첨단과학기술을 사회전체에서 공유하는 것을 목표로 하고 있다.

이 시설의 특징은 거대한 구조물 내부에 빛과 바람의 적극적인 도입, 1층에서 6층까지 개방적이고 다이나믹한 공간의 연출과 다양한 유리창을 이용한 단열과 채광방식을 취하고 있는 점, 비오톱의 조성 등을 들 수 있

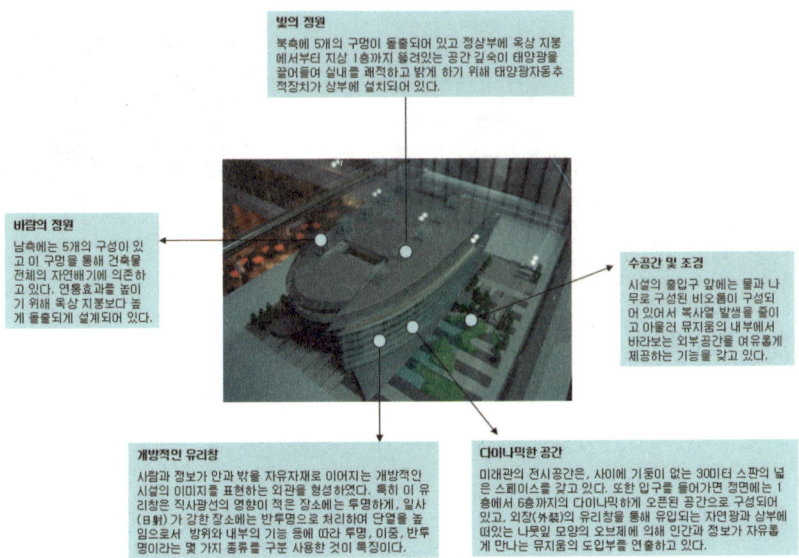

그림 21. 일본과학미래관에 적용된 그린빌딩수법의 개념

다. 자세한 내용은 〈그림 21〉이 제시하고 있는 것과 같다.

세로로 세워진 10개의 구멍은 일본과학미래관을 수직방향으로 지지하

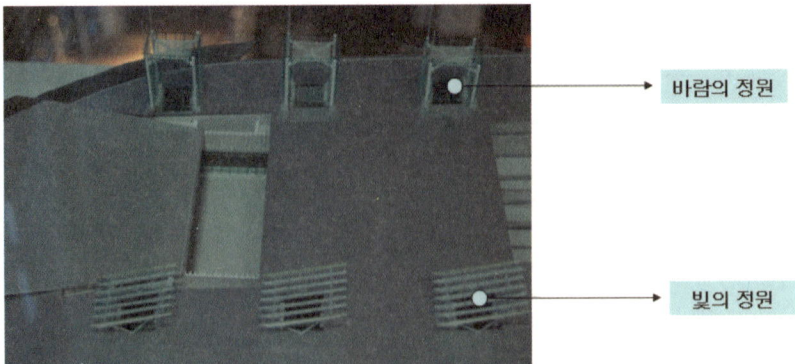

그림 22. 옥상의 남측에 설치된 5개의 바람의 정원과 북측에 설치된 5개의 빛의 정원의 상부 모양

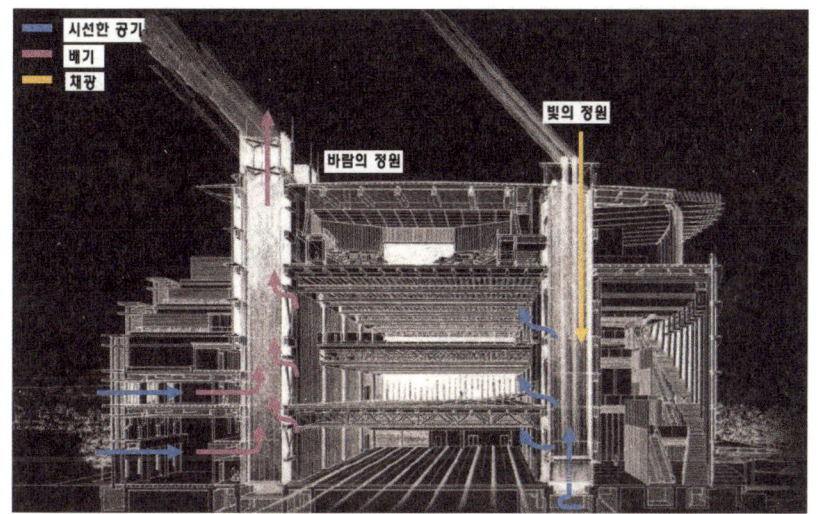

그림 23. 빛의 정원과 바람의 정원을 통해 건축내부 공간으로 빛과 바람의 흐름을 보여주는 개념도 (인용:日本科学未来館(2008), 日本科学未来館コンセプトブック, P. 41)

는 기둥이 됨과 아울러 그린빌딩 건축으로써의 기능을 부담하는 이른바 '통과 구멍(Through Holes)'이다(그림 22, 그림 23). '태양의 정원'이라 이름 붙여진 북측의 5개 구멍에는, 옥상에 나와 있는 정상부에 태양광 자동추적장치가 부착되어 있다.

이들 장치가 옥상에서 채집되어진 태양광이 층 아래의 전시층에 떨어지는 구조가 되어 있고, 이것에 의해 1층의 천장면에서는 2000룩스라는 조도를 자연광으로 확보할 수 있다(그림 24).

한편 '바람의 정원'으로 부르는 남측 5개의 구멍은 건축전체의 자연배기로 활용되고 있다. 가로방향에 가늘고 긴 공간은 배부에 상승기류를 발생하게 한다. 굴뚝효과로 부르는 이 자연의 힘을 이용하여 환기가 이루어지게 된다(그림 25).

그림 24. 1층에서 바라본 빛의 정원 상부모습. 상부의 태양광추적장치가 보이며 건축물 내부에 빛이 유입되고 있음을 알수 있다.(인용:日本科学未来舘(2008), 日本科学未来舘コンセプトブック, P. 41)

그림 25. 바람의 정원 최상부 모습과 실내에서의 모습

    이와 아울러 시설의 출입구 앞에는 물과 나무로 구성된 비오톱이 구성되어 있어서 복사열 발생을 줄이고 아울러 건축의 내부에서 바라보는 외부공간을 여유롭게 제공하는 기능을 갖고 있다. 옥상부에도 식물들이 자랄 수 있도록 인위적인 녹화장치를 설치하여 적극적인 녹지공간을 확보하고 있다(그림 26).

    그리고 사람과 정보가 안과 밖을 자유자재로 이어지는 개방적인 시설의 이미지를 표현하는 외관을 형성하고 있다. 특히 외관의 유리창은 직사광선의 영향이 적은 장소에는 투명하게, 일사(日射)가 강한 장소에는 반투명으로 처리하여 단열을 높여 방위와 내부의 기능 등에 따라 투명, 이중, 반투명이라는 몇 가지 종류를 구분 사용한 것이 특징이다(그림 27).

그림 26. 옥상부에 설치된 녹화장치물

또한, 미래관의 전시 공간은 사이에 기둥이 없는 30미터 스판의 넓은 스페이스를 갖고

그림 27. 주출입구 부분의 외관 유리창

있다. 입구를 들어가면 정면에는 1층에서 6층까지의 다이나믹하게 오픈된 공간으로 구성되어 있고, 외장(外裝)의 유리창을 통해 유입되는 자연광과 상부에 떠있는 나뭇잎 모양의 오브제에 의해 인간과 정보가 자유롭게 만나는 건축의 도입부를 연출하고 있다.

2-3. 국내 사례: 홈플러스 부천점

　기업의 사회적 공헌이 강력히 요구되는 있는 가운데 삼성계열의 삼성테스코가 신설 운영되는 홈플러스 부천점에 대하여 최초로 그린스토어 개념을 도입하여 실천적인 저탄소감소를 위한 프로그램을 실시하였다.

　그린스토어 1호인 국내 홈플러스 부천점의 가장 큰 특징은 영국에 본사를 두고 있는 테스코의 기본경영방침에 의거하여 총괄적인 저탄소계획을 수립하고 세부계획을 실천해가고 있다는 점이다. 이는 글로벌 경영 차원에서 공동의 목표를 갖고 실천함으로써 긍정적인 기업이미지를 높이고 국가와 지역사회에 공헌하고자 하는 전략적 경영이라고 할 수 있다.

　특히 홈플러스는 사회기여를 크게, 그린가치경영, 문화평생교육, 나눔경영에 두고 실천하고 있는데 그린스토어 부천점이 그린가치경영의 일환으로 평가할 수 있다. 그린 가치 경영 중의 하나가 친환경점포 만들기이다.

　친환경점포를 만들기 위해 CO_2 50%, 에너지 40%를 절감하는 점포에 초점을 두고 그린 에너지를 생산하여 활용하고, 에너지를 절약하는 등의 다양한 수법을 도입하였다. 예를 들면 유통업체의 특성상 발생되는 2차 포장재를 줄이고 고객쇼핑용 핸드캐리어 제공 등의 비건축적, 비설비적인 항목뿐만 아니라 실내조경 및 벽천분수의 설치, 조명을 LED로 교체하고, 우수의 재활용, 매장 조도 변경과 고효율 형광등 교체, 물을 사용하지 않은 소변기, 친환경적인 냉매사용, 빙축열, 창측의 자동조명센서 등을 열거할 수 있다.

　건축 및 설비적 측면에서의 구체적인 에너지 생산 및 절약 수법에 대한

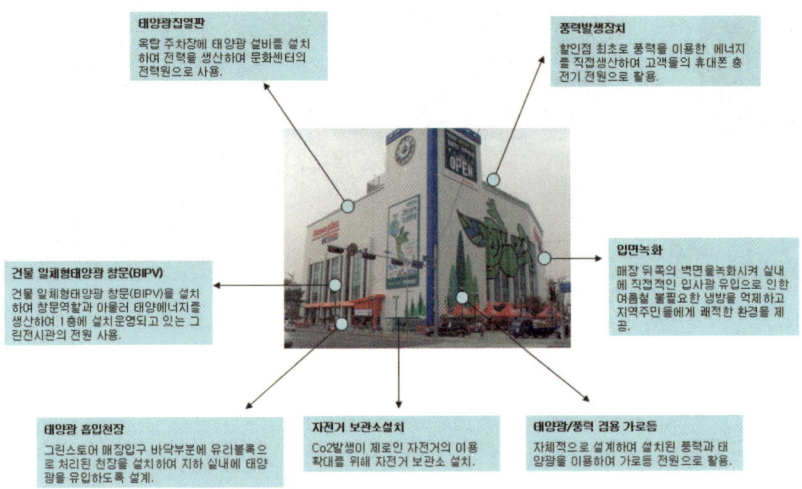

그림 28. 홈플러스 부천점에 적용된 대표적인 그린빌eld 개념

개략적인 내용을 정리해 보면 〈그림 28〉과 같다.

특히, 건물외부에는 건물 일체형 태양광 창문(BIPV)을 설치하여 창문역할과 아울러 태양에너지를 생산하여 1층에 설치 운영되고 있는 그린전시관의 전원 사용되고 있다 (그림 29).

그림 29. 건물 일체형태양광 창문(BIPV)

태양광 흡입천장은 가장 일반적인 태양광 활용방법이기는 하지만 부천점의 경우 특이하게 매장 출입구 바닥부분에 유리블록으로 처리된 천장을 설치하여 지하 실내에 태양광을 유입하도록 설계한 점이다(그림 30). 태양광 흡입천장의 위치와 방향에 따라 효과가 달라질 수 있기 때문

그림 30. 지하공간에 자연광을 유입하기 위한 천장의 외부(왼쪽)와 내부(오른쪽) 모습

에 최초 건축설계단계에서의 검토가 필요한 부분이라고 할 수 있다.

그린스토어 부천점의 가장 큰 특징 중의 하나가 입면녹화와 태양광/풍력을 적극적으로 검토한 부분이다. 입면녹화는 폐쇄적인 실내공간을 요구하는 유통매장의 특성을 고려하여 매장 뒤쪽의 벽면을 녹화시켜 실내에 직접적인 입사광 유입으로 인한 여름철 불필요한 냉방을 억제하고 지역주민들에게 쾌적한 환경을 제공하고 있다(그림 31).

또한, 태양광/풍력 겸용 가로등을 자체적으로 설계하여 설치된 풍력과 태양광을 이용하여 가로등 전원으로 활용하고 있다. 풍력의 경우 도시 내에 위치하여 적절한 바람을 확보하기에는 어려운 점이 있겠으나 사용방법에 따라 효율성을 높일 수 있는 수법 중의 하나로 평가된다.

그림 31. 주차장 외벽녹화부분

특히 옥상에 설치된 풍력발생장치를 이용하여 할인점 최초로 풍력을 이용한 에너지를 직접 생산하여 고객들의 휴대폰 충전기 전원으로 활용하고 있다는 점도 흥미로운 점인데 효율성 못지않게 그린스토어로서의 이미지전달의 성격이 강하다고 할 수 있다.

그림 32. 옥상에 설치된 태양과집열판과 잔디 주차장

이외에 옥상층에는 태양광집열판과 옥상 녹화가 계획되어 그린빌딩화의 이미지를 상당히 어필하고 있다(그림 32). 태양광 집열판은 옥탑 주차장에 태양광 설비를 설치하여 여름철에는 햇빛을 가리는 역할과 아울러 전력을 생산하여 문화센터의 전력원으로 사용할 수 있는 기능을 갖고 있다.

고객에게 휴식공간을 제공하고 쾌적한 주차환경을 제공한다는 측면에서 옥상녹화는 외국의 사례를 통해 알 수 있듯이 효율적인 수법 중의 하나라고 평가된다.

참고문헌

김혜성·김민지·윤성원, 「국내 PV 통합 프로젝트의 사례분석」, 『대한건축학회 학술발표대회 논문집』 제28권 제1호(통권 제52집), 2008.

송규동·이주윤·유정연, 「벽 일체형 채광장치의 성능평가 연구」, 『대한건축학회논문집 계획계』 20권 12호(통권 194호), 2004.

日本科学未来館, 『日本科学未来館コンセプトブック』, 2008.

竹中工務店東京本店設計部, 『TAKENAKA Design Works Tokyo』 03, 2005.

3. 공공건축 업무환경의 사용자 평가 [4]

3-1. 들어가며

2002년 11월에 비준된 교토의정서에 의하면 우리나라는 협약상 개발도상국으로 분류되어 의정서가 발효되더라도 당장 온실가스를 감축해야 하는 의무는 없다.

그러나 2007년 12월에 발리에서 개최된 발리 로드맵에 따라 2013년부터 우리나라도 감축목표를 수립하여 시행해야 될 입장에 있어 탄소발생을 저감할 수 있도록 산업전반에 대한 체질개선이 어느 때보다 필요한 실정이다. 제주도의 경우도 우리나라에서 최초로 환경부와 기후변화대응 시범도 협약을 맺음으로써 온실가스 감축에 대한 지방자치단체 차원의 적극적인 참여 노력과 의지를 대외적으로 각인시키고 있는 만큼 이에 대한 신속한 대응 전략 수립과 대응책이 필요한 현실에 놓여있다.

그에 따른 실천 가능한 관련 사업을 검토하고 있으며 그중의 하나가 사회적 기능과 역할이 요구되고 있는 주요 공공건축물의 리노베이션이다.

---

4) 본내용은 리모델링을 통한 그린빌딩화 작업에서 수반되는 공간계획상의 환경평가에 주안점을 두고 공공건축물 그린빌딩화의 바람직한 방안을 모색하기 위한 것으로 제주특별자치도 제1청사 및 제2청사 사용자를 대상으로 그린빌딩 도입에 있어서 사용자들은 실내 업무환경에 있어서 어떻게 인식하고 있는지 파악한 것이다. 구조화된 설문조사표의 구성은 크게 업무공간에 대한 질적 평가와 재료 평가, 그리고 전반적인 업무환경 평가, 그린빌딩의 인지도와 그린빌딩 기법에 대한 의식으로 구성되었다. 조사기간은 2008년 12월 초순 (7일간)이며 조사방법은 제주특별자치도 제1청사와 제2청사로 구분하여 각 과별 설문지를 배포한 후 회수하는 방식이며 관계자가 직접 기입하는 하도록 하였다. 회수 설문지는 제1청사 443명중 86명(19.4%), 제2청사는 268명중 56명(20.9%), 총 142명(약 20%)의 설문지를 회수하여 분석하였다.

이는 단순히 업무환경의 개선뿐만 아니라 건축폐기물을 줄이고, 에너지 사용을 최소화하는 그린빌딩화를 유도하기 위한 것이다.

친환경인증을 충족하기 위한 조건에는 실내환경과 에너지 사용부분에 대한 항목의 비중이 상대적으로 높아 리노베이션 검토작업에 있어서 실내의 업무환경 개선과 에너지사용을 최소화하기 위한 적절한 공간계획 상의 검토가 필요하다고 할 수 있다.

표 2. 국내외 친환경 건축물 인증제도의 평가항목 비중

등급	GBCC업무시설		LEED		BREEAM		SBTool		CASBEE	
	평가 항목	비율(%)	평가항목	비율(%)	평가항목	비율(%)	평가항목	비율(%)	평가항목	비율(%)
1	실내환경	23	에너지 및 대기	25	운영관리	16	환경부하	31	실내환경	20
2	에너지	17	실내환경	22	건강 및 웰빙 (실내환경)	15	실내환경	25	서비스 성능	15
3	재료 및 자원	16	지속가능한 부지계획	20	에너지	14	에너지 자원소비	25	실외환경	15
4	생태환경	14	자원	19	생태	13	서비스질	19	에너지	15
5	수자원	10	수자원 효율	7	오염	12			자원·재료	15
6	유지관리	7	디자인 혁신성	7	교통	10			부지 외 환경	15
7	토지이용	6			자재	10				
8	대기오염	4			수자원	7				
9	교통	4			대지이용	3				
합계		100		100		100		100		100

기본적으로 그린빌딩 평가시스템은 국가와 제도에 따라 약간의 차이는 있으나 일반적으로 인증을 주관하는 행정기관과는 별도로 심사기관에 의해 이루어지며 마련된 평가항목에 따라 일정한 점수 이상일 경우 인증을 받게 된다.[5]

　따라서 평가항목과 항목내용의 배점을 인증에 있어서 매우 중요하게 작용될 수밖에 없다. 그린빌딩 인증기준항목의 비중을 분석해 〈표 2〉와 같이 정리해 보았다. 이 중 배점 비중이 높은 항목을 분석해 보면 GBCC 업무시설의 경우 실내환경 23%, 에너지 17%, LEED의 경우 에너지 및 대기 25%, 실내환경이 22%, BREEAM의 경우 운영관리 16%, 실내환경 15%, SBTool의 경우 환경부하 31%, 실내환경 25%, CASBEE의 경우 실내환경 20%, 서비스 성능 15%순으로 나타나 그린빌딩 인증기준에서 전반적으로 실내환경부분을 중요하게 다뤄지고 있음을 알 수 있다.

　따라서 친환경건축에 대한 사회적 공감대를 조성하고 관련 그린기술의 활발한 개발과 국내 건물에 접목시키기 위해서는 공공청사에서부터 이러한 부분이 활발히 진행되어져야 한다.

---

5) 우리나라의 경우, 국토해양부와 환경부가 공동으로 2001년 12월 3일 친환경건축물인증제도 세부시행지침을 제정하여 인증 제도를 주관하고 있고, 서울특별시도 별도로 2007년 8월 16일에 친환경 건축기준을 제정하여 실시하고 있다. 인증심사 기관은 한국에너지기술연구원, 대한주택공사 토지주택연구원, 크레비즈인증원(구 한국능률협회인증원),한국교육환경연구원(학교시설 인증만 심사함) 총 4기관이다. 심사절차는 건축물 소유주가 인증신청서 및 건축물환경성 자체 평가표(근거자료 포함)를 작성하여 신청하면, 인증 심사기관에서 심사 후 합격시 인증서를 수여하게 된다.
미국의 LEED의 경우, 인증받고자 하는 분야를 결정하여 체크리스트를 이용하여 잠재적인 가능성을 검토한 후 온라인을 통해 프로젝트를 등록한다. 프로젝트의 인증은 설계 및 시고도서 제출물의 심사결과에 따라서 인증등급이 결정되고 신청자의 이의제기가 없으면 최종등급의 수락으로 간주하여 인증서를 수여함으로써 인증절차가 마무리된다.

3-2. 업무공간을 어떻게 평가하고 있는가?

(1) 업무공간에 대한 평가

청사 내 업무환경의 질적 평가에 대하여 관련 10개 항목[6]을 중심으로 청사별로 업무환경의 질적 평가를 살펴보았다. 전반적으로 만족보다는 불만족이 많고 청사별로는 2청사보다는 1청사에서의 불만족이 많은 것으로 파악되었다(그림 33). 특히 온열환경, 미적 매력, 시각적 프라이버시, 수납공간에 있어서 1청사 이용자의 만족도가 낮은 것으로 나타났는데, 이는 제1청사인 경우 1980년 건축되었고, 제2청사인 경우 1981년도에 건축되는 등 두 청사 모두 대략 30년 가까이 경과된 건물이기는 하지만 1청사의 경우 상대적으로 실내의 단열 환경여건 및 내, 외부 마감재의 질적 저하, 그리고 조직변경 등에 따른 부서 재배치와 정원의 확대로 인한 사무공간의 협소 등이 주요인이라 생각된다.

청사의 전반적인 업무환경에 대해서는 내부와 외부의 물리적 환경조건, 즉 주차장, 입지조건, 조망, 일조, 조명 등을 중심으로 청사별 불편한 정도를 살펴보았다.

---

6) 건축환경을 평가하는 요소에는 여러 가지가 있겠으나 공간 요소, 빛 요소, 기후요소, 음향 요소, 방재요소, 내진 및 내구요소로 구분할 수 있다. 자세한 내용은 日本ファシリティマネジメント協会編, 『ファシリティマネジメントの実際』, 丸善, 1991, p. 107를 참조.
본 장에서는 실내 업무환경의 질적 평가에 초점을 두고 있기 때문에 주로 공간 요소(공간 규모와 가변성, 천장높이, 수납공간, 미적요소 등), 빛 요소, 음향요소 기후요소(음향과 온도 등) 만을 평가요소로 적용하였다. 이들 요소와 관련된 구체적인 항목들은 POE(Post-Occupancy Evaluation)에서 적용되었던 조사사례에서 인용하였다. 자세한 내용은 Wolfgang F.E. Preiser 외 2인, 『건물평가방법론』, 태림문화사, 1993, p. 149 참조.

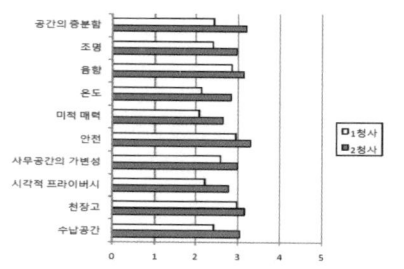

그림 33. 업무공간 전체의 질적 평가(평균치, N=142)
(주: 1: 상당히 힘들다, 2: 조금힘들다, 3: 그저 그렇다, 4: 비교적 편하다, 5: 상당히 힘들다)

그림 34. 청사 내 전반적인 업무환경상의 불편한 점(평균치, N=142)
(주: 1: 상당히 힘들다, 2: 조금힘들다, 3: 그저 그렇다, 4: 비교적 편하다, 5: 상당히 힘들다)

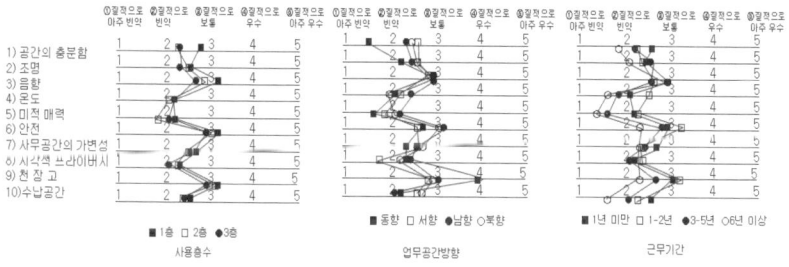

1청사에서의 업무환경 질적 평가

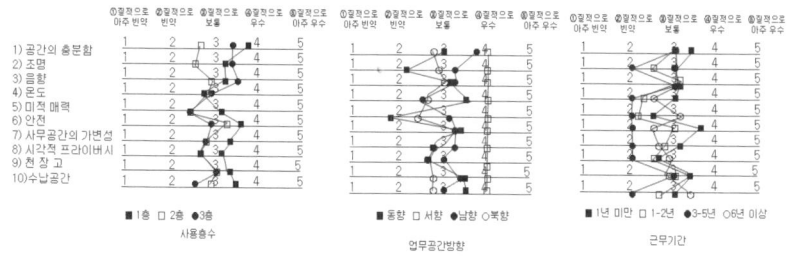

2청사에서의 업무환경 질적 평가

그림 35. 리카르도 척도에 의한 사용층수와 업무공간방향, 근무기간에 따른 업무환경의 질적 평가

전반적으로 볼 때 만족도가 낮은 것으로 나타났으나 2청사보다는 1청사의 만족도가 상대적으로 낮은 것으로 나타났다. 항목별로는 가구배치, 휴게공간이 2청사에 비해 상당히 낮게 나타났고 이어 외부조망, 일조확보, 업무협의공간, 녹지공간 등이 낮게 나타났다.

반면 입지 및 주변 환경에 대한 만족도 비중이 높은 것으로 조사되었는데 이는 청사 주변에 로터리가 위치해 있어 상대적으로 편리한 교통 환경과 주변에 위치한 근린공원 등으로 인해 입지환경에 대하여는 긍정적인 의견이 많은 것으로 생각된다(그림 34).

실내업무의 질적 평가에 있어서 사용층수와 업무공간의 방향, 근무기간에 따라 어떻게 평가하고 있는지를 살펴보았다.

〈그림 35〉는 〈그림 33〉의 업무환경의 질적평가관련 항목 10개에 대하여 사용층수와 업무공간의 방향, 근무기간에 따른 평가를 보여주는 것이다. 〈그림 35〉에서 알 수 있듯이 항목에 따라 다소 차이는 있으나 전반적으로 업무공간의 질적 평가에 있어서 만족스럽지 못한 것으로 파악되었다. 층수에 따른 만족도의 경우 1층 부분에서 만족도가 다소 높고 또한 업무공간의 방향에 따른 만족도의 경우, 전반적으로 남향과 동향에서의 만족도가 높았다. 근무기간별 업무환경의 만족도는 1년 미만의 경우 약간 만족도가 높았고 근무기간이 길수록 만족도는 낮은 것으로 파악되었다.

특히 청사별로 살펴 보았을 때 2청사에 비해 1청사의 만족도가 상대적으로 더욱 낮게 나타났는데 이는 〈그림 33〉과 〈그림 34〉의 결과와 같다. 특히 1청사의 경우는 온열환경과 미적매력, 시각적 프라이버시 부분에 있어서 전반적으로 만족도가 낮게 나타났고 특히 근무기간이 길수록 만족도가 낮은 것으로 나타났다. 이를 통해 1청사의 업무환경이 열악한 조건임을 알 수 있으며 온열환경 및 음 환경 개선, 업무공간에서의 프라이버시 확보 문제, 그리고 수납을 비롯한 적절한 업무공간 확보 문제가 그린빌딩화 검토작업에 있어서 중요한 부분이라고 할 수 있다.

(2) 인자분석으로 본 업무환경 관련 주요 키워드

업무공간에 영향을 주는 요소 10개 항목에 대하여 단순화하여 그 특성을 명확히하기 위해 인자분석을 하였다. 유효한 인자 2개를 추출하였는데 제1인자 41.7%, 제2인자 9.7%로 전체(누적) 51.568%를 비중을 갖는 인자이다.

표 3. 회전된 성분행렬

항목	성분	
	제1인자 (공간의 적절성)	제2인자 (환경의 적절성)
사무공간의 가변성	0.800	0.132
수납공간	0.789	0.021
시각적 프라이버시	0.704	0.245
공간의 충분함	0.658	0.341
미적매력	0.582	0.257
천장고	0.576	0.293
안전	0.517	0.406
음향	0.262	0.766
온도	0.349	0.611
조명	0.330	0.607

표 4. 인자득점의 의미

	- ← 인자득점 → +	
제1인자(공간의 적절성)	빈약함	우수함
제2인자(환경의 적절성)	빈약함	우수함

〈표 3〉에서 알 수 있듯이 10개의 변수는 2개의 인자로 정리할 수 있다. 제1인자의 경우는 공간의 가변성, 충분성, 프라이버시 등에 높은 인자득점을 갖고 있어서 '공간계획의 적절성'으로 규정하였다. 제2인자는 음향, 온도, 조명 등 '환경의 적절성'인자로 규정하였다. 추출된 두 개의 인자가 갖는 득점의 의미는 〈표 4〉와 같다

(3) 인자득점으로 본 연령별, 사용층수별, 업무공간방향별, 근무기간별 실내환경평가

추출인자에 대하여 연령별, 사용층수별, 그리고 업무공간방향별, 근무기간별로 인자득점의 분포를 살펴보았다. 추출된 2개의 인자에 대하여 살펴본 결과 〈그림 36〉과 같이 연령에 따른 인자득점의 분포도는 20대와 40대인 경우 만족도가 양호한 반면 30대와 50대의 경우 비교적 불만족한 것으로 나타나고 있다. 사용층수별로는 1층의 경우 공간적 요인에 대해 만족도가 높게 나타났고 2, 3층의 경우 공간과 환경의 적설성에 대한 만족도가 낮게 나타나고 있다.

방향별로는 서향이 다른 방향에 비해 상대적으로 만족도가 낮게 나타나고 있는데 이는 서향에서 나타나는 문제점인 오후 해지는 시간대의 강한 일조에 그대로 노출되고 겨울에는 춥고 여름에는 더울 수밖에 없는 방위상의 한계에서 비롯된 것으로 보인다.

근무기간별로는 3~5년 사이의 근무자가 만족도가 낮은 것으로 조사되었고 나머지 근무자의 경우 비슷한 만족도를 나타내고 있다.

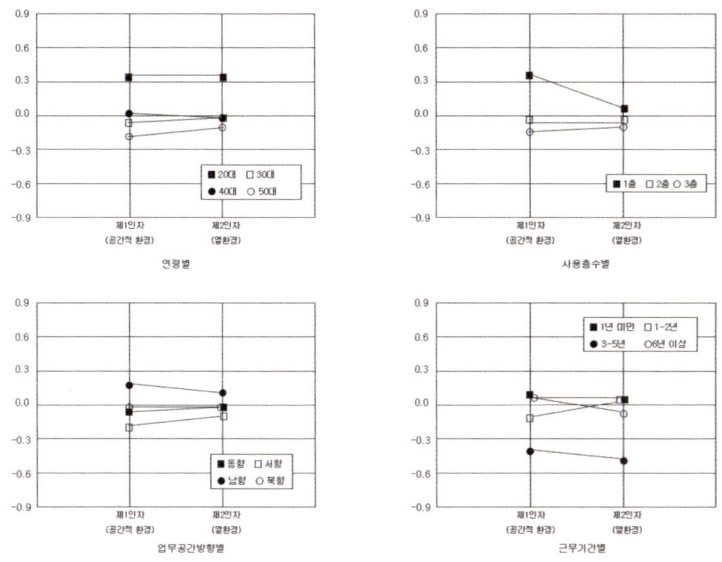

그림 36. 연령별 사용층수별, 업무공간 방향별, 근무기간별 인자득점으로 본 업무환경 평가

3-3. 군집분석에 의한 사용자의 유형화와 유형별 평가

(1) 인자득점의 분포로 본 청사별 특징

인자득점의 분포에 따른 제1청사와 제2청사 사용자의 평가를 보면, 제1청사의 경우 환경의 적절성(제2인자)과 비교하여 공간의 적절성(제1인자)에 있어서 부정적 의견쪽으로 많이 분포되어 있음을 알 수 있으며 제2청사의 경우 환경의 적절성이나 공간의 적절성에 대하여 제1청사에 비해 다소 긍정적 의견이 높은 편이다(그림 37).

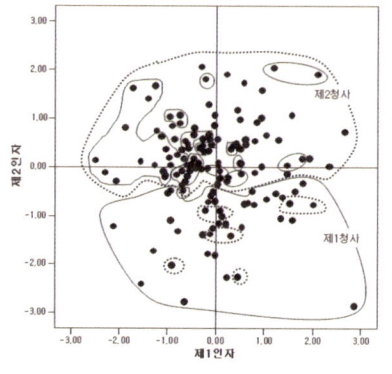

그림 37. 제1청사와 제2청사의 인자분포도

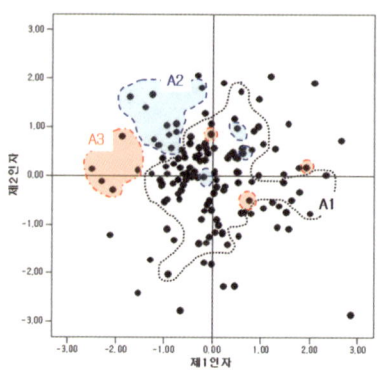

그림 38. A그룹의 인자분포도

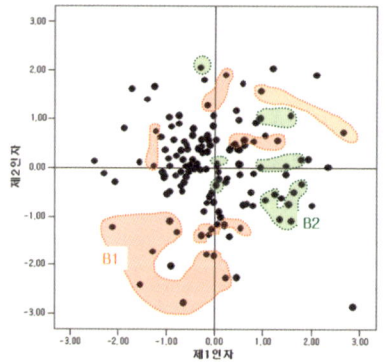

그림 39. B그룹의 인자분포도

    그러나 청사에 대한 전반적인 평가는 환경의 적절성에 비해 공간의 적절성에 있어서 직원들의 평가가 낮은 편인데 이는 특별자치도 출범 후 제1청사와(기존 도청사)와 제2청사(옛 북제주군청사)로 부서들이 분산되었을 뿐만 아니라, 기존 조직의 틀에 맞춰진 현 청사 공간 구성의 비효율성과 경직성, 직원들을 위한 휴게 공간 등의 부족 등이 공간의 적절성에 대하여 낮게 평가한 것이 주요 원인으로 생각된다.

(2) 군집분석에 의한 사용자 분류도

사용자를 그룹화하여 각 그룹별 특성을 파악하기 위해 군집분석을 실시하였다. 〈그림 40〉은 군집분석의 결과를 보여주는 것으로써 7개의 그룹으로 분류[7])하였으며 〈그림 38〉〈그림 39〉의 인자득점에 따른 분포도와

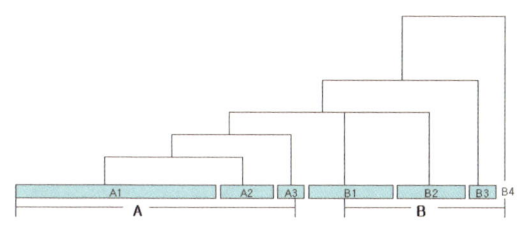

그림 40. 군집분석에 의한 사용자 분류도(덴드로그램)

표 5. 주요 그룹별 속성

항목	그룹	A1 그룹	A2 그룹	A3 그룹	B1 그룹	B2 그룹
청사별	1청사	44	8	5	13	9
	2청사	31	6	2	10	6
	합계	75	14	7	23	15
연령	20대	5	1	3	3	2
	30대	27	4	4	8	4
	40대	37	8		9	7
	50대	6	1		3	2
	평균연령	40.23	40.86	45.43	40	40.13
근무층수	1층	16	6	2	10	4
	2층	23	4	1	4	5
	3층	36	4	4	9	6
사용기간	1년 미만	43	6	6	16	13
	1~2년	16	6	1	1	2
	3~5년	7			2	
	6년 이상	9	2		4	
	평균기간	1.76	1.86	1.14	1.74	1.13

---

7) B3, B4 그룹은 데이터로서의 의미가 없어 분석에서 제외하였다.

비교 분석한 결과 거의 일치하는 것으로 나타났다.

〈그림 38〉과 〈그림 39〉의 그룹별 인자득점의 분포관계와 그룹별 속성 〈표 5〉를 기초로 하여 각 그룹별 특징을 정리하면 다음과 같다.

A1 그룹은 30, 40대의 직원들로서 2년 이하의 사용기간을 가지고 있고 분석대상 인원의 절반을 차지하고 있는 그룹인데 열환경과 공간적 환경에 대해 비교적 양호하다는 의견을 가지고 있는 그룹이다. A2, A3 그룹의 경우가 열환경에 비해 공간적 환경에 대해 상당한 부정적 의견을 가지고 있는 그룹이다.

B1 그룹의 경우는 열환경과 공간적 환경 모두에 대하여 상반된 의견이 나타나고 있으며 B2 그룹의 경우는 공간적 환경에 대하여는 긍정적 의견이 많으나 열환경에 대하여는 다소 부정적 의견을 가지고 있는 그룹으로 나타났다.

(3) 그룹별 청사 사용재료의 질적평가

앞서 언급하였듯이 건축환경에 대한 평가요소에는 공간 요소, 빛 요소, 기후요소, 음향 요소, 방재요소, 내진 및 내구요소 등을 들 수 있다. 특히 본 상에서 다루고 있는 건축물이 업무환경이라는 점을 고려할 때 마감재료는 시각적으로 공간 이미지에 있어서 중요하다고 할 수 있다.

제1청사와 2청사의 내부마감재료는 대체로 인조대리석 물갈기, 수성페인트, 텍스와 본타일, 그리고 PVC타일과 같은 비교적 가격이 저렴하고 특히 유지관리에 용이한 재료의 사용이 많은 것으로 나타났다(표 6).

이러한 업무환경에 대하여 각 그룹별로 마감재료에 대한 질적 평가를 살펴보았다(그림 41).

표 6. 청사 내부의 주요 마감재료

층구분		1청사	2청사
1층	바닥	- 로비: 대리석(치옥석) - 사무실: 인조대리석 물갈기	- 로비: PVC타일 - 사무실: PVC타일
	벽	- 로비: 유리타일+수성페인트 - 사무실: 수성페인트	- 로비: 인테리어 필름 - 사무실: 수성페인트
	천정	- 로비: 본타일 - 사무실: 텍스	- 로비: 비닐페인트 - 사무실: 텍스
2층	바닥	- 복도: 인조대리석 물갈기 - 사무실: 인조대리석 물갈기	- 복도: 인조대리석 물갈기 - 사무실: PVC타일
	벽	- 복도: 본타일 - 사무실: 수성페인트	- 복도: 수성페인트 - 사무실: 수성페인트
	천정	- 복도: 본타일 - 사무실: 텍스	- 복도: 텍스 - 사무실: 텍스
3층	바닥	- 복도: 인조대리석 물갈기 - 사무실: 인조대리석 물갈기	- 복도: 인조대리석 물갈기 - 사무실: PVC타일
	벽	- 복도: 본타일 - 사무실: 수성페인트	- 복도: 수성페인트 - 사무실: 수성페인트
	천정	- 복도: 본타일 - 사무실: 텍스	- 복도: 텍스 - 사무실: 텍스
4층	바닥	- 복도: 인조대리석 물갈기 - 사무실: 인조대리석 물갈기	
	벽	- 복도: 본타일 - 사무실: 수성페인트	
	천정	- 복도: 본타일 - 사무실: 텍스	- 사무실: 텍스

A1 그룹의 경우 바닥은 보통 이상이라는 의견이 많으나 벽과 천정에 대하여는 바닥재에 비해 다소 부정적인 의견이 많은 것으로 조사되었다.

A2 그룹의 경우 바닥과 벽에 대하여는 보통 이상과 우수하다는 의견이 많으나 천정 부분에 대하여는 질적으로 빈약하다는 의견이 다수를 이루고 있다.

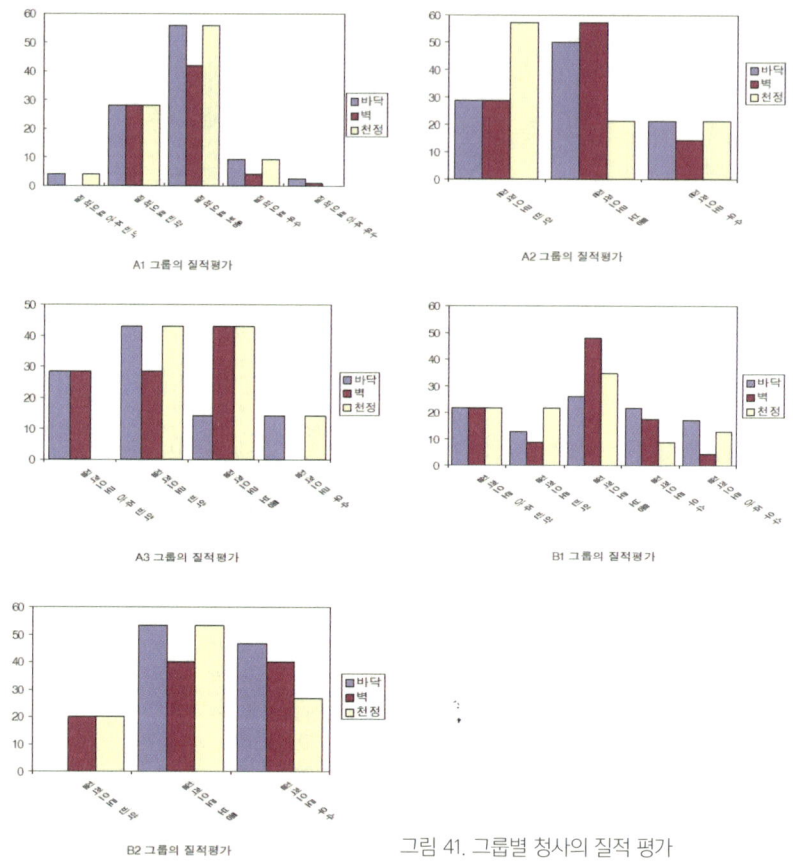

그림 41. 그룹별 청사의 질적 평가

A3 그룹의 경우 바닥과 벽의 경우에 질적으로 빈약하다는 의견이 다수를 이루고 있고 천정의 경우 보통 이상의 평가를 하는 사용자가 다수를 이루고 있다.

B1 그룹의 경우 전반적으로 질적으로 우수하다는 의견과 빈약하다는 의견이 대립되는 양상을 보이고 있는데 인자분석 및 군집분석결과에서

도 보듯이 각 사용자 간의 성향차가 뚜렷한 그룹으로 보인다.

B2 그룹의 경우 바닥과 벽의 경우에 우수하다는 의견이 많고 천정의 경우에도 보통 이상이라는 의견이 다수를 이루고 있다.

3-4. 청사의 그린빌딩화에 대한 인식

(1) 청사의 그린빌딩화에 대한 평가

청사에 대한 그린빌딩화 추진에 대하여는 응답자의 96% 이상이 긍정적으로 평가 하고 있다(그림 42). 이는 그린빌딩이 에너지 절약과 환경보전 및 생태보전을 목표로 하는 친환경적 건물이라는 인식과 함께 최근의 세계적 흐름인 동시에 범정부적 차원에서 추진하고 있는 저탄소 녹색성장 정책과 맞물려 사용자들의 그린빌딩에 대한 이해와 관심도가 높아진 원인도 있지만, 그린빌딩화를 통하여 현 청사의 열악한 업무환경의 질을 개선해 보려는 사용자들의 기대가 반영된 결과라고 볼 수 있다.

그린빌딩 추진을 긍정적으로 평가하는 이유에 대해서는 업무환경개선을 가장 큰 이유로 제시하였고 다음이 녹지공간확보를 제시하고 있어서 에너지절약과 저탄소의 필요성보다 상대적으로 현재의 업무환경에 대한 중요성을 인식하고 있고 한편으로 업무환경의 불만스러움을 잘 반영하고 있는 것으로 생각된다(그림 43). 이러한 점은 청사의 그린빌딩화 추진에 있어서 개선되어야 할 점으로 원활한 업무협의 가능한 공간이 제시된 점(그림 44)과 그 맥을 같이 하는 것으로 공간적 측면과 실내환기 문제 등에 있어서 신중히 검토해야 할 부분이라고 생각된다.

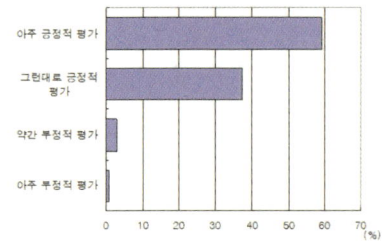
그림 42. 그린빌딩 추진에 대한 평가(N=142)

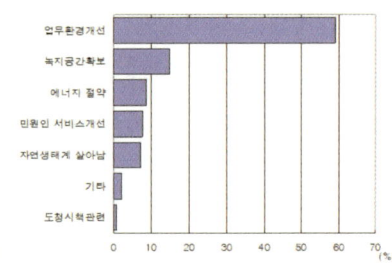
그림 43. 청사그린빌딩화에 있어서 긍정적인 이유(N=139)

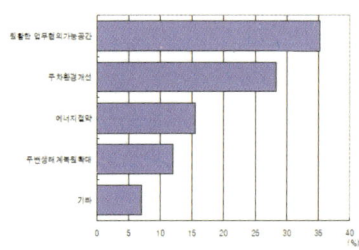
그림 44. 청사 그린빌딩에 있어서 개선점 (N=139)

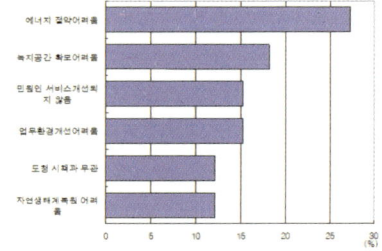
그림 45. 청사 그린빌딩화에 있어서 부정적인 이유(N=33)

 한편 그린빌딩 추진에 대하여 부정적으로 평가하는 이유(그림 45)에 대해서는 실질적으로 그린빌딩에서 생활 경험이 없고 또한 과거 부분적으로 시도되었던 태양광 및 태양열 활용사업이라든지 옥상녹화수법 등이 효율적이지 못하였다는 부정적인 생각이 남아있기 때문으로 생각된다. 아울러 기본적으로 에너지 절약으로 이어질 수 없다는 선입견과 기계설비 등 기술적인 측면에서의 불확실성도 부정적인 영향을 주었을 것으로 생각된다.

(2) 청사의 그린빌딩 적용수법에 대한 평가

청사의 그린빌딩화를 위해 적용되어야 하는 수법에 대하서는 공간계획을 통한 수법도입(21.3%, 복수응답), 다음이 자연환기(18.4%), 에너지절약 및 신재생에너지 사용(16.4%)의 순으로 나타나 리모델링의 필요성을 어느 정도 인식하고 있는 것으로 파악되며 특히 실내환경에 대한 관심이 높은 것으로 나타났다(표 7).

표 7. 그린빌딩으로 적용되어야 하는 수법(복수응답)

수법	복수응답자 수	비율(%)
에너지절약 및 신재생에너지 사용	62	16.4
재료 및 자원절약	33	8.7
수자원절약	18	4.7
공간계획수법	81	21.3
인공환경녹화	59	15.5
자연환기	70	18.4
실내환경조절	57	15.0
합계	380	100

표 8. 그룹별 그린빌딩 적용수법에 대한 구분

적용수법 그룹	에너지절약 및 신재생에너지 사용	재료 및 자원절약	수자원절약	공간계획수법	인공환경녹화	자연환기	실내환경조절
A1	30	18	10	42	32	35	34
A2	5	5	1	6	7	6	4
A3	4	1	1	5	1	6	2
B1	11	5	2	14	9	13	12
B2	9	3	4	8	9	4	3

그룹별로는 〈표 8〉과 같이 A1 그룹의 경우 공간계획수법과 자연환기, 실내환경조절 수법을 선호하고 있고 A2 그룹의 경우는 공간계획수법, 인공환경녹화, 자연환기수법을 선호하고 있으며 A3 그룹은 에너지절약 및 신재생에너지 사용, 공간계획수법, 자연환기수법을 선호하고 있다. B1 그룹의 경우 공간계획, 자연환기, 실내환경조절수법을 선호하고 있고 B2 그룹의 경우는 에너지절약 및 신재생에너지 사용, 공간계획수법, 인공환경녹화수법을 선호하고 있는 것으로 나타나 그룹별로 선호도에서 차이가 남을 알 수 있다.

3-5. 맺으며

(1) 어떻게 개선할 것인가?

기후변화대응시범도로 지정된 제주특별자치도의 주요추진 과제 중의 하나로 건축분야에서는 효율적 에너지이용과 자원절약형 시스템을 갖춘 그린빌딩을 주목하고 있다. 특히 그린빌딩화는 상징성과 비용부담, 그리고 공공적 성격이 강하게 요구되어 공공건축물을 중심으로 추진되는 것이 효율적이라고 할 수 있다.

특히 각국의 대표적인 그린빌딩 인증기준을 살펴본 결과 실내환경에 대한 평가항목의 비중이 15%~25%를 차지하고 있는 것에서 알 수 있듯이 그린빌딩화에 있어서 실내환경의 개선이 상당히 중요한 부분으로 평가 받고 있다. 이는 청사의 그린빌딩화를 통해 에너지 및 환경 부하 경감뿐만 아니라 업무환경의 향상을 유도함으로써 그린빌딩 리모델링의 필요성에 대한 충분한 동기부여가 될 수 있는 부분으로 판단된다.

그린빌딩 도입 필요성과 적용 수법에 있어서는 대다수의 사용자들이 그린빌딩화에 대한 긍정적인 입장을 가지고 있음을 알 수 있었다.

특히 그린빌딩화를 통한 에너지절약보다는 청사의 실내환경 개선과 휴게공간 조성 등에 대한 높은 기대감을 알 수 있었다. 이는 사용자들이 건물의 그린빌딩화를 통한 에너지와 환경문제의 해결에 비중을 주기보다는 오히려 실내환경의 쾌적성을 높이고 사용자간 커뮤니케이션 촉진의 필요성을 더욱 중시하고 있음을 의미한다.

따라서 청사의 그린빌딩계획에서 있어서 에너지절약적 접근을 중시하면서도 실내환경개선을 통한 업무환경개선과 에너지사용 억제가 될 수 있는 방안을 계획하는 것이 중요하다고 생각된다. 예를 들면, 평면공간 구성의 조건을 고려하여 외부 피로티 부분을 실내업무공간으로 증축하는 활용하는 방안 혹은 구획되어 있는 실내벽면을 철거하여 개방형으로 리모델링하는 방안 등을 통해 적절한 업무공간을 확보할수 있도록 검토할 필요가 있을 것이다. 아울러 미적 매력의 향상과 외부조망, 적절한 일조확보 개선을 위해서는 마감재료의 질적 향상, 적절한 외벽체의 단열보강과 창호형태 등을 통해 업무공간의 시각적 이미지를 향상시키고 온열환경을 개선하는 방안 검토가 필요하다.

(2) 해결해야 할 문제

현 청사에의 열악한 온열, 공기, 음, 빛 환경 등의 실내환경 개선을 위해서는 현 청사 여건상 패시브 디자인(Passive Design)의 적용만으로 한계가 있고 액티브 디자인(Active Design) 수법을 혼용하여 적용될 수 밖에 없다. 이는 필수적으로 에너지의 소비를 불러오고 이에 따른 환경오염물질의 배출이 동반될 수 밖에 없으며, 이는 그린빌딩의 도입취지와 상충되는 부분이다. 따라서 이러한 부분을 해소하면서 그린빌딩의 요구 조건을 충족할 수 있는 기술적 검토가 이루어져야 하며, 에너지 절약과 실내환경의 질 향상이라는 양자를 모두 아우를 수 있는 절충점을 찾아야 한다.

참고문헌

김동일·이태경·이상홍, 「업무용건축물의 친환경성 측정을 위한 간편한 방법 개발에 관한 연구」, 『대한건축학회논문집 계획계』 제24권 제6호(통권 236호), 2008.

김동희·조동우·유기형, 「친환경 건축물 인증제도의 용도별 인증결과 분석」, 『대한건축학회논문집』 26권 1호(통권 255호), 2010.

김명운·전재열, 「기존건축물의 친환경 인증기준에 관한 비교연구」, 『대한건축학회논문집』 제25권 제11호, 2009.

태성호·신성우·임수철, 「실내환경평가와 사례분석을 통한 국내외 친환경 건축물 인증제도의 비교 분석요구」, 『대한건축학회논문집』 제23권 제8호, 2007.

Friodmann·Zimring·Zube 저, 정철모·조영미 역, 『환경설계평가』, 명보문화사, 1990.

Wolfgang F.E. Preiser 외 2인, 『건물평가방법론』, 태림문화사, 1993.

Klaus Daniels, The Technology of Ecological Building, Birkhauser, 1997.

日本ファシリティマネジメント協会編, 『ファシリティマネジメントの実際』, 丸善, 1991.

제Ⅱ부

제주적인 친환경 건축 조성하기

제Ⅱ부

제주적인 친환경 건축 조성하기

4. 제주형 친환경 건축의 필요성과 인증기준 설정

4-1. 국외의 친환경 건축물 인증기준

(1) 미국의 친환경 인증기준(LEED)의 기준내용과 특징

미국의 친환경 건축물 인증시스템인 LEED(Leadership in Energy and Environmental Design)는 그린빌딩 기술의 연구, 개발, 보급을 촉진하기 위하여 1993년 설립된 비영리단체인 USGBC(US Green Building Council)에서 시행하고 있는 프로그램으로, 건물의 생애주기에 걸쳐 건물 전체적 관점에서 환경성능을 평가하는데 LEED의 평가 등급과 주요 특징을 보면 다음과 같다(표 9, 표 10).

표 9. LEED 평가 등급

구분	총획득점 수	등급 구분
총 배점 110점	80점 이상	LEED Platinum
	60점 이상	LEED Gold
	50점 이상	LEED Silver
	40점 이상	LEED Certified

표 10. LEED 주요 특징

평가 항목	주요 특징
대지 분야	미국은 자동차 중심 사횡에서 대중교통 및 자전거 이용을 적극 권장하여 에너지 절감 효과 기대 정책
에너지 분야	기본적으로 건물 에너지 효율 실행을 전제조건으로 최적의 에너지 성능 확보 강조
Commissioning	Commissioning을 통한 검증 강화로 에너지 절감 강조
실내 환경 분야	이산화탄소 방출 저감과 실내 환기성능 향상 강조
혁신 및 설계과정 분야	기존의 혁신 기술과 설계자에 대한 점수 이외 지속가능성을 포함하여 경제성, 환경성을 동시 고려 유도
필수 항목	최소에너지 성능(ASHRAE Standard Base Line 대비 10% 에너지 절감)을 비롯한 8개의 필수항목이 인증 조건임

LEED의 전문분야별 세부분야 분류(LEED2009 NC)는 〈표 11〉과 같다.

표 11. LEED의 전문분야별 세부분야

평가부분	점수	평가항목(취득가능점수)		세부점수
		필수전제	시공 활동에서의 오염원 발생방지	
지속가능한 부지계획	26	평가항목	대지의 선정	1
			개발밀도 및 커뮤니티 접근성	5
			오염된 부지의 재개발	1
			대체교통	12
			대지관리	2
			홍수조절기능	2
			열섬현상	2
			외부 빛 환경 조설	1

평가부분	점수	평가항목(취득가능점수)		
수자원 효율	10	필수전제	① 20%의 물 사용 감량	
		평가항목	물 절약을 고려한 조경 혁신적인 하수 조절 기술 물 사용 저감 조경	4 2 4
에너지 및 대기	35	필수전제	① 에너지시스템의 기본 커미셔닝 ② 최저 에너지성능기준 만족 ③ 기본적인 냉각수 관리	
		평가항목	에너지 성능의 최적화 재생에너지의 사용 추가적인 커미셔닝 추가적인 냉각수 관리 측정과 검증 그린 에너지	19 7 2 2 3 2
재료 및 자원	14	필수전제	① 재활용가능 자재의 저장 및 보관	
		평가항목	건물 재사용 건설 폐기물 관리 재료의 재사용 재활용된 자재의 사용 지역생산 자재 신속한 재활용 가능한 자재 인증된 목재의 사용	4 2 2 2 2 1 1
IEQ	15	필수전제	① 최소 실내공기 성능 ② 담배연기의 환경적 제어	
		평가항목	유입 외기 모니터링 충분한 환기 실내 공기질 관리 계획 오염물질 저방출 자재 실내 오염물질 원인 억제 시스템의 조절(조명, 냉난방) 재실자의 열적 쾌적감 주광 및 경관 확보	1 1 2 4 1 2 2 2
혁신 및 설계과정	6	평가항목	혁신적인 기술 LEEDTM 인증 설계자 참여	5 1
지역	4	평가항목	지역적인 우선정책	4

(2) 영국의 친환경 인증기준(BREEAM)의 기준내용과 특징

미국의 친환경 건축물 인증시스템인 BREEAM(Bulding Research Establishment and Environmental Method)은 건물의 환경영향을 평가하기 위해 영국의 BRE(Building Research Establishment)에서 공공분야, 건설업자, 및 컨설턴트와 협력하여 1991년 개발한 환경성능 인증제도이며, 환경적인 문제를 발생시키는 명백한 증거가 있고, 디자인 단계에서 평가가 이루어질 수 있는 경우만을 성능평가 기준의 항목으로 포함하고

표 12. BREEAM 평가등급

Rating	% Score
Unclassified	<30
Pass	≥ 30
Good	≥ 45
Very Good	≥ 55
Excellent	≥ 70
Outstanding	≥ 85

표 13. BREEAM 주요 특징

평가 항목	주요 특징
환경오염 분야	건축재료, 쓰레기 재활용 및 혁신적인 것에 중점을 두어 환경오염 사전 제거에 초점
교통 분야	Amenity 근접성 중시
에너지 분야	저탄소 기술, 고효율 장비의 제공 중시
재료 및 자원 분야	주요골재 사양, 폐기물관리, 재활용 상황 집계, 자재의 공급 책임, 자재보호를 위한 디자인, 음식물 쓰레기 퇴비화, 마감자재의 공급 책임, 건물 입면재 및 구조재의 재사용 중시
수자원 부문	관개시스템 항목 추가
대기오염 부문	대지 내 오일분리기/정화기 설치
등급별 필수항목	등급별로 필수적으로 점수를 취득해야 하는 최소요구 항목 및 점수가 있음

있다.

BREEAM의 평가 등급 및 주용 특징은 〈표 12〉, 〈표 13〉과 같다.

그리고 BREEAM의 전문분야별 세부분야 분류(BREEAM Office 2008)와 등급별 최소요구 항목 및 점수 등에 대해서도 상당히 세분화되어 있는데 각각 〈표 14〉, 〈표 15〉와 같다.

표 14. BREEAM 전문분야별 세부분야

평가부분	비중	점수	평가항목	세부점수
유지관리	12	10	① 커머셔닝 ② 시공사에 대한 고려 ③ 부지에의 영향 ④ 건물사용자 지침 ⑤ 안전	2 2 4 1 1
건강웰빙	15	14	① 주광 ② 조밍 ③ 눈부심 제어 ④ 고효율조명 ⑤ 내·외부조명 ⑥ 조명조절 ⑦ 자연환기 ⑧ 실내 공기질 ⑨ VOCs ⑩ 열적 쾌적 ⑪ 열적조닝 ⑫ 미생물오염 ⑬ 소음성능 ⑭ 사무 공간	1 1 1 1 1 1 1 1 1 1 1 1 1 1
에너지	19	21	① CO_2방출감소 ② 지속가능한 에너지 검침 ③ 고에너지부하와 점유면적 검침 ④ 외부조명 ⑤ 저탄소기술 ⑥ 엘리베이터 ⑦ 에스컬레이터	15 1 1 1 3 2 1

평가부분	비중	점수	평가항목	세부점수
교통	8	10	① 대중교통과 접근성 ② 편의시설과의 접근성 ③ 자전거편의시설 ④ 보행자와자전거이용자의안전성 ⑤ 이동계획 ⑥ 주차장 수용능력	3 1 2 1 1 2
수자원	6	6	① 물 사용량 ② 수도 검침 ③ 누수 탐지기능 ④ 위생용수 차단기능	3 1 1 1

표 15. BREEAM 등급별 최소요구 항목 및 점수

BREEAM 범주	등급별 최소요구점수				
	P	G	V	E	O
Man 1 – 커미셔닝	1	1	1	1	2
Man 2 – 시공사에 대한 고려	–	–	–	1	2
Man 4 – 건물 사용자 가이드	–	–	–	1	1
Man 9 – 건물정보의 제공 (BREEAM Education에서만 적용됨)	–	–	–	–	1
Man 10 – 교육 자료로 개발 (BREEAM Education에서만 적용됨)	–	–	–	–	1
Hea 4 – 고성능 조명	1	1	1	1	1
Hea 12 – 미생물 오염	1	1	1	1	1
Ene 1 – 이산화탄소 배출의 감소	–	–	–	6	10
Ene 2 – 많은 부분의 에너지 사용에 있어서 용도별 검침	–	–	1	1	1
Ene 5 – 저탄소 또는 제로탄소 기술	–	–	–	1	1
Wat 1 – 물 사용량	–	1	1	1	2
Wat 2 – 수돗물 검침	–	1	1	1	1
Wat 3 – 재활용 쓰레기의 보관	–	–	–	1	1
LE 4 – 생태적 영향의 완화	–	–	1	1	1

(3) 일본의 친환경 인증기준(CASBEE)의 기준내용과 특징

일본의 친환경 건축물 인증시스템인 CASBEE(Comprehensive Assessment System for Building Environmental Efficiency)는 건축물의 전 생애주기 동안 양질의 환경성능 품질 및 성능을 가지며, 전체 환경부하도 작은 건축물을 실현하기 위한 건축물 종합 환경 성능 평가 제도로 일본의 환경공생주택 인증제도와 GB Tool을 기반으로 개발된 제도이다.

CASBEE의 판정 기준표 및 주요 특징은 〈표 16〉과 〈표 17〉과 같다.

표 16. CASBEE 판정 기준표

Rating	판정 기준(BEE 값)
S Class	excellent(BEE ≥ 3)
A Class	very good(3>BEE ≥ 1.5)
B+ Class	good(1.5>BEE ≥ 1.0)
B- Class	fairy poor(1.0>BEE ≥ 0.5)
C Class	poor(0.5<BEE)

BEE = Building Environmental Quality(Q)/Building Environmental Loading(L)
Building Environmental Quality: 건물의 친환경 성능
Building Environmental Loading: 건물의 환경적 부하

표 17. CASBEE 주요 특징

평가 항목	주요 특징
토지이용 부문	부지를 내외부로 구분하여 부지 내의 실내 환경과 부지의 환경을 따로 평가하며, 부지내의 평가는 생물환경, 경관, 번화가 관리, 지역성, 쾌적성 등을 평가하고, 부지 외 평가는 대기오염, 소음, 진동, 광해, 지역인프라 부하 등을 평가하며, 지리적 특성을 고려한 지반의 면진, 내진, 제진성능을 세세히 평가함
교통 부문	대중교통에의 근접성, 자전거 이용 시설, 초고속정보통신설비의 수준 등 평가
에너지 부문	에너지소비량, 대체에너지 이용, 조명밀도와 조명방식 등이 포함되어 있고, 설비와 시스템 고효율화 등 항목 포함
재료 및 자원 부문	자원절약, 자원재활용, 폐기물 최소화, 생활폐기물 분리수거 평가
수자원 부문	우수의 적극적 활용, 물 절약, 중수 이용 항목 평가, 지표수관리 및 활용 항목 보완 필요

평가 항목	주요 특징
환경오염, 대기오염 부문	이산화탄소 배출 저감 항목 평가, 소화기, 단열재, 냉매 사용 제한 포함
유지관리 부문	체계적 현장관리, 효율적 건물관리, 지진저항정도 세심하게 평가
생태환경 부문	조경면적, 비오톱, 녹지공간율, 인공환경녹화기법 등 평가
실내 환경 부문	각종 유해물질 저함유에 대한 평가, 노약자, 장애자 배려의 타당성, 진드기와 곰팡이 대책, 레지오넬라 대책, 구역별 제어성 평가

그리고 전문분야별 세부분야 분류는 〈표 18〉과 같다.

표 18. CASBEE 전문분야별 세부분야

부문	세부부문	범주	평가항목	세부평가항목
건축물의 환경 품질·성능	실내환경	(1) 음환경	① 소음	2개
			② 차음	4개
			③ 흡음	
		(2) 온열환경	① 실내의 온도제어	8개
			② 습도제어	
			③ 공조방식	
		(3) 빛환경	① 주광이용	3개
			② 눈부심 대책	2개
			③ 조도	2개
			④ 조명 제어	
		(4) 공기질환경	① 발생원 대책	4개
			② 환기	4개
			③ 운용 관리	2개
	서비스성능	(1) 기능성	① 기능성·사용용이성	3개
			② 심리성·쾌적성	3개
		(2) 내용성(耐用性)·신뢰성	① 내진(耐震)·면진(免震)	2개
			② 부품·부재의 내용연수(耐用年數)	4개
			③ 신뢰성	5개

부문	세부부문	범주	평가항목	세부 평가항목
건축물의 환경 품질·성능	서비스 성능	(3) 대응성·갱신성	① 공간의 여유(Space margin)	2개
			② 하중의 여유	
			③ 설비의 갱신성	6개
	부지 내 실외 환경	(1) 생물환경의 보전과 창출		
		(2) 번화한 거리·경관에 대한 배려		
		(3) 지역성·쾌적성에 대한 배려		
건축물의 환경 부하 저감성	에너지	(1) 건물의 열 부하 억제		
		(2) 자연 에너지의 이용	① 자연 에너지의 직접이용	
			② 자연 에너지의 간접이용	
		(3) 설비시스템의 고효율화	① 공조설비	
			② 환기설비	
			③ 조명설비	
			④ 급탕설비	
			⑤ 승강기설비	
			⑥ 에너지이용 효율화설비	
		(4) 효율적 운동	① 모니터링	
			② 운용관리체제	
	자원 자재	(1) 수자원 보호	① 절수	
			② 우수이용, 잡배수재이용	2개
		(2) 저환경부하 재료의 사용	① 자원의 재이용효율	
			② 지속가능한 삼림에서 산출된 목재 활용	
			③ 건강피해의 우려가 적은 재료 사용	
			④ 기존건축 구조체 등의 재이용	
			⑤ 비최종 처분예상량 (Waste disposal)	
			⑥ CFCs와 Halon	3개
	부지 외 환경	(1) 대기오염 방지		
		(2) 소음·진동·악취의 발생방지	① 소음·진동	
			② 악취	
		(3) 풍해, 일조장해의 억제		
		(4) 광해의 억제		
		(5) 온열환경 악화의 개선		
		(6) 지역 기반시설의 부하억제		

(4) 국내외 친환경 인증제도: GBCC, LEED, BREEAM, CASBEE 비교표

한국의 GBCC를 중심으로 각국의 친환경 인증제도의 주요내용을 비교해 보면, 각각 적용기준과 인증단계가 다르다(표 19). 이는 각국의 친환

표 19. 각국의 친환경 인증제도의 주요내용 비교

구분	GBCC 2010	LEED 2009	BREEAM 2008	CASBEE 2008
시행국	한국	미국	영국	일본
개발 기관	환경부, 건설교통부	U.S. GBC	영국 BRE	일본 국토교통성
시행일	2002년 1월	1998년 8월	1990년	2004년 1월
평가 목적	친환경 건축물의 인증과 보급	환경적 리더십 실현	건축물의 환경적 부하 저감	효율적 에너지 디자인의 촉진
부분 및 세부부문의 항목	① 토지이용 ② 교통 ③ 에너지 ④ 재료 및 자원 ⑤ 수자원 ⑥ 대기오염 ⑦ 유지관리 ⑧ 생태환경 ⑨ 실내 환경	① 지속가능한 부지계획 ② 수자원 ③ 에너지 및 대기 ④ 자재 및 자원 ⑤ 실내 환경의 질 ⑥ 혁신성 ⑦ 지역우선 고려	① 매니지먼트 ② 건강과 웰빙 ③ 에너지 ④ 교통 ⑤ 수자원 ⑥ 재료 및 폐기물 ⑦ 토지사용 ⑧ 생태오염	① 실내 환경 ② 서비스 성능 ③ 실외환경 ④ 에너지 ⑤ 자원과 재료 ⑥ 부지 외 환경
적용 건물	·공동주택 ·주상복합 ·업무용 ·학교 ·판매시설 ·숙박시설	·신축건물 (복합건물, 캠퍼스, 학교, 병원, 소매점, 도서관) ·기존건물 ·상업용 인테리어 ·Core&Shell ·단독주택 ·근린개발	·업무용 ·소매건물 ·교육건물 ·감옥 ·법원 ·의료건물 ·선업건물 ·에코홈 ·복합건물	·설계건물 ·신축건물 ·기존건물 ·재건축건물 ·열섬 ·도심개발 ·단독주택
총점	122점	110점	100점(백분율로 환산한 점수)	BEE에 의해 항목별로 계산
인증 단계	설계인증, 시공인증	설계인증, 시공인증, 통합인증	설계인증, 시공인증, 사후관리	설계인증, 시공인증

구분	GBCC 2010	LEED 2009	BREEAM 2008	CASBEE 2008
인증 등급	·일반 ·우량 ·우수 ·최우수	·Certified ·Silver ·Gold ·Platinum	·Pass ·Good ·Very Good ·Excellent ·Outstanding	·C ·B- ·B+ ·A ·S
배점 방법	평가지표별로 서로 다른 배점 부여	에너지를 제외한 모든 평가지표에 균일한 점수 배분, 성능 기준에 따라 다른 점수 획득	평가지표별로 서로 다른 배점 부여	건물의 환경성능에 대비한 환경부하의 비율을 산정하며, 평가지표별로 다른 배점

경 건축에 대한 인식의 차이점 뿐만 아니라, 친환경 인증기준을 적용하는 배경과 목적이 다르다는 점에서 기인하는 것이다. 궁극적으로 친환경 인증기준을 각국 혹은 지역적 여건에 맞게 효율적으로 적용하고 운영하는 것이 매우 중요하다고 생각된다. 따라서, 제주에서도 한국의 GBCC를 바탕으로 제주의 환경과 기후에 적합한 친환경 인증기준을 마련하고 확산시키려는 노력이 매우 중요하다고 생각된다.

4-2. 국내의 친환경 건축물 인증현황과 기준

(1) 서울특별시 인증 기준과 특징

국토해양부에서는 친환경건축물 인증제도를 이용하고 있으나 서울특별시 자체적으로 친환경 건축기준을 마련하여 각종 인센티브제도를 통해 보급을 확대하려고 한다. 구체적인 내용은 다음과 같다.

1) 친환경 건축물 인센티브
○ 서울특별시 친환경 건축물 건축주에 지방세(취득세, 등록세 등) 감면
○ 시공사, 설계사에 대한 서울특별시 사업 참가 시 가점 부여
○ 친환경 건축물 인증비용 일부 지원
○ 건물 에너지 합리화 사업 투자비용에 대한 장기저리 융자 알선
○ 서울특별시 친환경 건축물 인정표지 부착
○ 기타 민간 부문 친환경 건축물 유도를 위해 필요한 지원
 - 감면율: 1등급 20%, 2등급 15%, 3등급 10%, 4등급 5%

2) 평가기준 및 시상

신축부분 서울특별시 친환경 건축물 기준
 - 친환경기준: 친환경 건축물 인증제도의 우수등급(65점) 이상
 - 에너지기준: 에너지성능지표 74점 또는 건물에너지효율 2등급 이상

에너지 기준 \ 친환경 기준	85점 이상	75점 이상 85점 미만	65점 이상 75점 미만
EPI 81점 이상 또는 건물에너지 효율 1등급	I (Platinum)	II (Gold)	III (Silver)
EPI 74점 이상 81점 미만 또는 건물에너지 효율 2등급	II (Gold)	III (Silver)	IV (Bronze)

 - 평가결과에 따라 Bronze, Silver, Gold, Platinum 등급 부여

3) 심사 수수료 지원제도
○ 2008. 4. 17일부터 서울시에서 예비인증 또는 본인증 중 1회에 한해 수수료를 지원함
○ 우수등급 획득 시 50% 지원, 최우수등급 획득 시 100% 지원
○ 단, 에너지성능지표 검토서의 EPI(에너지성능지표) 점수가 74점 이상인 경우에 한함

(2) 대전시 인증기준과 특징

1) 특징
○ 정부의 온실가스 감축정책에 의한 감축목표를 이행하기 위해서는 전체 온실가스 배출량이 25% 이상을 건축물 부문이 차지하고 있으므로 최우선 과제로 도시, 특히 건축물 분야의 저탄소형 녹색건축물 보급을 통해 미래 에너지 수요를 원천적으로 저감할 필요가 있다는 인식을 같이하고, 대전시에서는 그동안 그린빌딩 인증제도 시행지침을 전국 최초로 제정 시행(2002. 7. 1.)하여 친환경건축물 건설에 기여한 바 있다. 이와 관련 대전시에서는 그동안의 그린빌딩 인증기준 시행지침을 운영하면서 시행과정에서의 문제점을 개선 보완하여 현실에 맞게 합리적으로 운영하고자 시행지침을 전부 개정하였다. 개정된 주요내용으로는 다음과 같다.
  - 친환경의 필수항목 6개 부문 이외에 대전시가 녹색성장을 선도하기 위하여 자전거 도로 및 보관소 설치, 신재생 에너지의 이용의 2개 항목을 필수항목으로 추가.

- 각 항목별 4등급으로 세분화하여 필수항목의 의무취득등급기준(점수)을 만족하면 그 등급기준에 따라 '대전그린빌딩'으로 인정하여 주는 제도를 도입함으로써 기존의 인증제도와 차별화 운영.

2) 운영방법

기본적으로는 건축주 또는 시공자가 '대전그린빌딩'으로 인정받고자 할 경우, 사업을 시행한 후 친환경건축물의 인증기준에 의한 인증서와 인증평가결과표를 인정기관인 에너지기술연구원에 제출하면 평가점수에 의해 인정등급별 인정서를 교부하여 주는 인정제도로 운영하고 있다.

가산점 부여방식에 있어서는 종전의 인증제도와 동일하게 '대전그린빌딩' 인정 실적을 보유한 시공사 또는 건축사에게는 건축상, 우수공사장 심사 및 대전광역시 사업 참가 시에 가산점을 부여하고, 대전시 및 구에서 발주하는 공공건축물에는 설계공모, 설계시공일괄입찰, 대안입찰 등에 그린빌딩 기법을 적용하였을 때에 가산점을 부여하고 있는 것이 특징이다.

특히 신규 택지개발기구 및 주거환경 정비지구에서의 친환경건축물(대전그린빌딩) 건설을 추진할 경우에는 사업목적과 개별특성에 따라 기본계획 및 지구단위지침으로 용적률 등을 대폭 완화하는 등 법직 허용기준 범위 내에서 자율적인 인센티브를 반영함으로써 '대전그린빌딩' 건설을 적극 유도하는 것이 특징이다.

향후 확대를 위해 조례 제정 또는 제도개선 등을 통해 모든 민간건축물에 대한 각종 세제혜택의 근거 마련 및 건축기준(용적률, 조경면적, 건축물 높이제한) 완화 적용범위 확대, 컨설팅 제도 도입 등의 활성화 방안을 마련 중에 있는 것으로 전해지고 있다.

4-3. 제주지역에서의 친환경 건축물 인증원칙 검토

내용을 종합적으로 고려하여 볼때, 제주도의 경우, 2019년 '제주특별자치도 녹색건축설계기준'을 마련하여 시행하고 있으나, 향후 제주지역에서의 친환경건축물 인증기준설정을 위해 포괄적 접근의 의미에서 다음과 같은 원칙에 접근할 필요가 있다.

원칙1: 제주 기후 및 주변 현황 특성에 적합한 친환경 인증기준 정립하도록 한다.
- 연중 기온변화를 고려하여, 냉난방 소요 에너지 비중에 적합한 차폐, 단열, 최적성능 Passive Design 기준을 설정한다.
- 도심과 농촌지역의 주변을 고려한 현실적 친환경 인증 기준 수립이 필요하다고 생각된다.
- 토지이용, 교통 여건은 도심과 농촌의 차이가 커서 불합리하기 때문에 농촌은 에너지 절감 부분에 중점을 둔다.
- 에너지 점수에 에너지 성능 지표(EPI) 활용은 실제 절감량 확인이 어려운 실정으로 에너지모델링을 통하여 성능 평가 위주로 기준을 설정하도록 한다.

원칙2: 제주도 내 건축 자재 수급 현황을 고려한 자재 사용 기준을 정립하도록 한다.
- 제주도 내 건축물 주요자재의 수급 현황을 살펴봄으로써 지역 생산

자재의 사용에 따른 물류비용을 절감하는 방향으로 유도해 기후변화에 대응할 수 있도록 한다.

원칙3: 기존 건물에 친환경 인증기준을 마련하도록 한다.

- 신축에 비해 기존건물의 수가 훨씬 크므로 경제적이며, 현실적인 에너지 절감 기준 연구 즉 외벽 단열 보완, 유리면적 축소, 벽면 녹화 등의 적용을 중시하도록 한다.

참고문헌

송승영·정종민, 「자연형 건축설계를 위한 국내 주요도시의 기후특성 분석」, 『대한건축학회논문집(계획계)』 17권 12호, 2001.

(주)삼우종합건축사사무소, 『친환경 건축물 요소기술과 설계기법』, 2008.

_____, 『친환경 제로에너지 주택 디자인 프로세스』, 2010.

_____, 『친환경 설계(Sustainable Design)』, 2012.

Arens, E.A. et al., "A New Bioclimatic Chart for Passive Solar Design", 5th. NPSC, AS/ISES,Univ. of Delware, Newark, 1980.

5. 친환경건축화를 위한 공공건축물의 재생[8]

5-1. 들어가며

지구 환경 문제를 근본적으로 해결하기 위하여 환경 보호와 자원 절약 기술 개발이 필수적이며 건축에 있어서도 '환경 친화적인 건축' 개발의 필연성이 대두되고 있다. 특히, 1992년 브라질에서 개최되었던, 'Global Summit'의 리오선언은 이와 같은 친환경적인 개발의 중요성을 뒷받침하는 계기가 되었다.

오바마 전 대통령은 정책의 최우선 과제로 녹색 산업을 들었고 효율적인 신재생에너지를 비롯한 에너지관리정책이 추진될 것으로 예상했다.

이러한 국제사회의 관심과 노력이 건축분야로 전개되는 한 대안으로서 친환경건축화가 대두되고 있다.

라이프 사이클에 있어서 지구환경에 주는 부하량을 적게 주도록 건물의 평면 공간과 마감재, 에너지 사용문제, 특히 기존건축물의 리노베이션을 통해 건축폐자재를 최소화하는 등 환경 친화적인 환경생태를 고려

---

[8] 본 장에서 다루는 내용은 건축물의 친환경건축화이며 여기에 적용되는 수법에 대한 검토와 적용수법에 의한 효과분석을 통해 친환경건축화를 위한 리모델링의 타당성 분석에 두고 있다.
본 장에서는 현황분석과 시뮬레이션분석으로 구분하여 실시되었다. 현황분석에서는 열화상 카메라(IRISYS 1000 Series Imager)를 이용하여 열손실부분을 파악하고 건물 외피 에너지 손실량을 계산하였다. 시뮬레이션분석단계에서는 이중외피의 타당성을 중심으로 시뮬레이션 분석을 하여 타당성을 검토하였다. 적용된 시뮬레이션 프로그램은 최근까지 계속 개발·검증되고 있는 건물 에너지해석 프로그램인 Visual DOE 4.0 프로그램을 사용하였다.

한 건축디자인 개발이 절실하다고 할 수 있다.

효율적인 에너지 관리 및 자연친화적이고 쾌적한 업무 환경을 창출하기 위한 그린빌딩의 이론적 개념정립과 아울러 실천적이고 실험적인 그린빌딩을 구축하려는 의지와 노력이 중요하다고 할 수 있다.

그러나 현실적인 여건으로는 그린빌딩의 사업성 및 공공성을 고려한다면 민간분야에서의 추진에는 한계가 있으며, 그에 대응하기 위한 공공건축물 활용, 그리고 노후화지역에서의 주거환경의 쾌적화를 위한 기존건축물 활용의 기본방향을 구체화하고, 일반인이 공감할 수 있는 사업 추진 및 유도 방안 수립이 요구되고 있는 실정이다.

본 장에서는 제주지역의 대표적 공공건축물이라 할 수 있으나 노후화되어 리노베이션의 필요성이 제기되고 있는 제주특별자치도 제1청사를 대상으로 공간적 효용을 극대화하기 위한 아트리움화 등을 포함한 그린빌딩 조성 기법의 타당성 분석이 주요 목적이다. 아울러 장기적으로는 불필요한 도시재개발을 지양하고 기존건축물의 적극적인 활용의 가능성을 제시함으로써 향후 공공 및 민간분야에서의 그린빌딩 추진의 정책적 방향 설정을 위한 기초적인 자료를 확보하고자 했다.

5-2. 제1청사의 열손실현황분석

(1) 제1청사 외피 에너지손실부분 현황파악

조사대상건축물인 제1청사의 외부 열에너지 손실부분의 현황을 파악하기 위하여 열화상 카메라(IRISYS 1000 Series Imager)를 이용하여 제

1청사의 입면과 내부 공간 일부를 촬영 분석하였다. 촬영일자는 2008년 12월 2일 오후 2시부터였다.

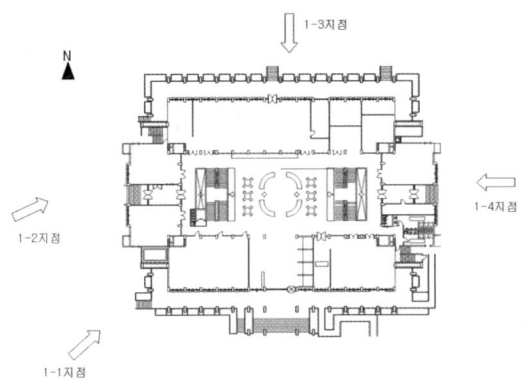

그림 46. 열화상 카메라 촬영지점

전반적으로는 창호를 통한 에너지 손실이 많은 것으로 판단되며, 건축물이 놓인 향에 따라 건축물 외피의 손실이 다른 것으로 나타났다.

태양광이 비치는 부분과 그늘진 부분을 구분하여 제1청사의 열손실 현황을 파악하였다. 열화상 카메라의 촬영지점은 〈그림 46〉과 같다.

각 실의 난방정도 및 외피의 조건에 따라 열손실이 달라질 수밖에 없겠으나 북측으로 향해 있고 측정 당일 오후에 그늘져 있는 북측입면에 대하여 에너지 손실정도를 파악해본 결과, 〈그림47〉이 제시하고 있듯이 2층 및 3층 창호에서의 열손실이 많고 외피의 온도 분포를 보면 15℃~17℃를 나타내고 있다. 특히 3층 창호의 거의 대부분이 16℃~17℃에 집중되어 있는 것으로 나타났는데 측정 당일 평균기온이 14℃인 점을 고려한다면 상당한 열손실이 발생되고 있다고 판단된다.

동측입면, 즉 촬영지점1-2에서 외피 열손실정도를 측정한 결과(그림

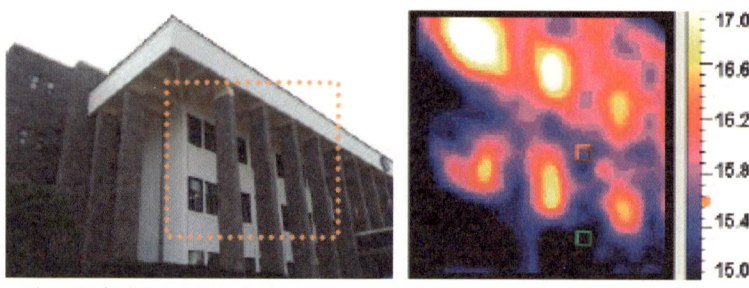

그림 47. 북측면에서의 열손실현황(그림 46의 1-1지점)

48) 대략 15°C~18°C로 북측 입면보다는 온도가 높은 것으로 나타나 열손실이 발생되고 있다고 보여진다.

남측 입면은 피로티 부분에서의 발열이 큰 것으로 측정되었는데 이는

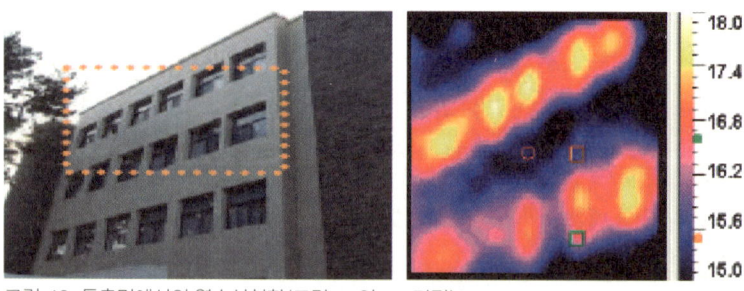

그림 48. 동측면에서의 열손실현황(그림 46의 1-2지점)

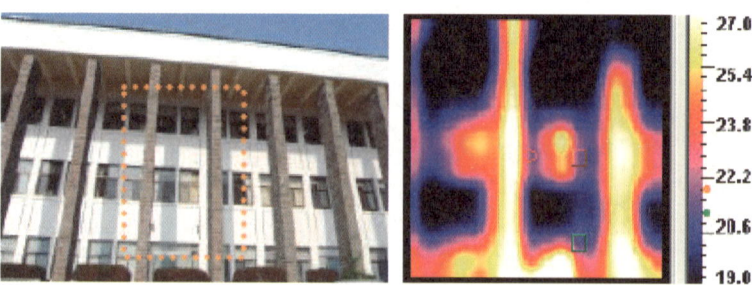

그림 49. 남측면에서의 열손실현황(그림 46의 1-3지점)

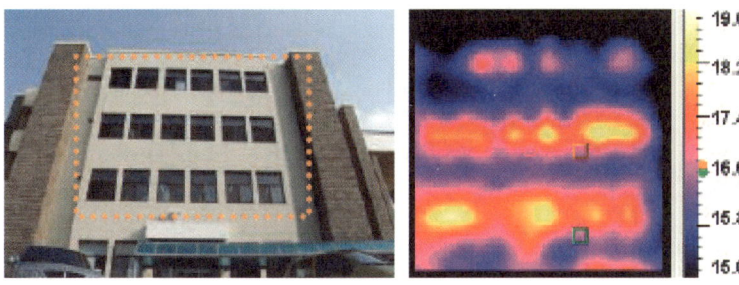

그림 50. 서측면에서의 열손실현황(그림 46의 1-4지점)

기둥부분의 마감재료가 제주석의 열 흡수율이 높기 때문에 햇빛에 축열된 상태이기 때문이다(그림 49).

동측입면과는 달리 서측입면은 비교적 오랫동안 햇빛에 노출되지만 열손실 현황을 보면(그림 50), 동측입면과 같이 열손실이 큰 것으로 파악되었다.

앞서 실시한 제1청사 외피를 통한 열 손실 부분파악과 아울러 열손실량을 계산하기 위해 〈표 20〉와 같은 조건을 설정하였으며 결과는 〈표 21〉과 같다.

표 20. 계산 조건

기상Data		제주도
부하계산기간		2008년 12월 29일~2009년 1월 9일
실내온도 조건	냉방	26℃, 50%RH
	난방	20℃, 50%RH
내부부하	인체	사무소 내 경작업 시 인체발열량 사용 현열(SH)49kcal/h·인, 잠열(LH)53kcal/h·인
	조명	30W/㎡
	기기	30W/㎡
도입외기량		25㎥/h·인
인구밀도		1청사: 334명, 2청사: 228명

표 21. 1청사의 부하계산 비교(15시의 전열비교)

구분		냉방부하(kcal/h)	난방부하(kcal/h)
외부 부하	지붕	62,121	31,888
	외벽	33,317	40,430
	간벽	24,967	16,645
	유리	108,507	54,460
내부 부하		653,597	-
침입외기부하		20,868	169,501
합계		903,377	312,923

　제1청사의 에너지손실에 대한 정확한 분석이 필요하겠으나 열화상카메라를 통해 전반적으로 볼 때, 외피를 통한 열손실이 큰 것으로 파악되었고 특히 창호를 통한 열손실이 적지 않은 것으로 나타나 이에 대한 개선방안을 중심으로 검토되어야 할 것으로 판단된다.
　아울러 연도별로 월별 전기소모량을 파악해 본 결과 기후변화에 따른 이상기온과도 관련성이 있는 것으로 생각되지만 전반적으로 볼 때 하절기인 7월~8월에서의 에너지 소모량 큰 것으로 파악되었다(표 22).

표 22. 연도별 1청사 전기소모량(단위: Kwh)

	2004년	2005년	2006년	2007년
계	1,795,338	1,999,494	2,210,616	2,360,754
1월	152,244	163,278	201,294	216,270
2월	144,018	145,350	190,926	180,630
3월	149,868	157,302	187,812	189,810
4월	128,358	124,920	160,020	162,360
5월	126,522	131,256	157,806	171,720
6월	134,010	152,460	164,808	173,052
7월	209,988	207,648	222,822	221,706

	2004년	2005년	2006년	2007년
8월	211,248	217,926	255,780	275,202
9월	135,432	177,804	163,242	192,384
10월	129,672	153,738	153,072	178,416
11월	127,062	158,994	161,154	185,112
12월	146,916	208,818	191,880	214,092

(2) 문제점 및 개선점 도출

제1청사에 대한 열화상 카메라를 이용한 개략적인 건축물 외피에너지 손실 현황분석을 통해 적지 않은 에너지 사용과 에너지 손실이 있는 것으로 파악되었다.

따라서 건축구조물 외피의 단열효과를 높이고 특히 창호에 의한 열손실을 줄일 수 있는 개선방안, 기존 벽체의 외부에 설치된 피로티를 이용하여 독립적인 외피를 설치하여 아트리움(일종의 Double Skin 개념)을 조성하고 여기에 자연광의 유입을 이용한 업무환경의 개선과 단열효과 개선방안, 그리고 외부의 열부하를 줄여 건축물 내부에 간접적으로 열부하를 줄이는 옥상녹화 등 식생조성방안 등이 필요하다고 할 수 있으며 이들 방안을 중심으로 개선점을 모색하는 것이 타당하리라 생각된다.

5-3. 에너지 절약측면에서 그린빌딩화 적용수법 및 타당성 평가

(1) 건축측면에서의 수법 및 평가

1) 건축적 적용수법 검토

에너지 효율성 측면에서 가장 문제가 되어 보이는 건축물의 외피부분에 대한 개선과 일부 공간의 확장하는 범위 내에서의 리모델링을 검토하는 것으로 하였다(그림 51).

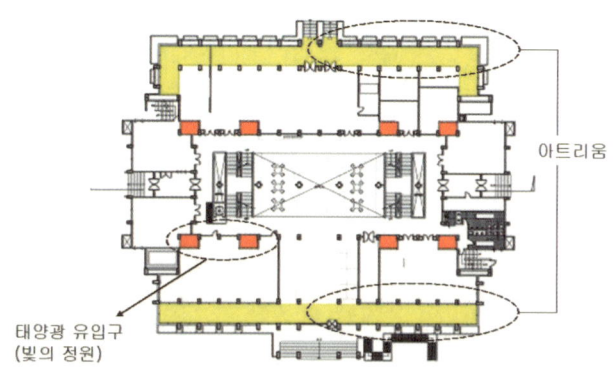

그림 51. 아트리움 확장부분(남측과 북측 노란색 표시 부분)

그림 52. 아트리움의 외관과 단면

〈그림 52〉는 친환경건축화로 리모델링된 제1청사의 단면을 보여주고 것으로 북측과 남측의 피로티 공간을 이용한 아트리움화, 단열재의 보강, 옥상녹화, 그리고 실내로의 태양광 유입(그림 52의 우측 그림) 등이 주요 포인트이다.

2) 모델링 개요 및 해석모델을 위한 시뮬레이션 프로그램

시뮬레이션을 위한 모델링은 〈표 23〉와 같이 건물개요를 근거로 조건 설정하여 에너지 사용량 및 다양한 정보를 바탕으로 해석모델을 제시하였다.

시뮬레이션 분석 도구로는 Visual DOE 4.0 프로그램을 사용하였다. 본 프로그램은 최근까지 계속 개발·검증되고 있는 건물 에너지해석 프로그램으로써 주어진 기후조건에서 건물에 대한 시간별 에너지소비량을 예

표 23. 건물 개요

	대지위치	제주시 연동 312-1번지
	용도	공공업무시설 (제주도청사)
	구조	철근 콘크리트조
	규모	지하 1층, 지상 4층
	대지면적	11046㎡
개요	건축면적	9078㎡
	지상층면적	2067㎡
	지하층면적	2026㎡
	입면재료	제주석치장쌓기,T=30글라스울 T=120콘크리트조
	창호	복층유리 (5+6+5)
	지붕	평슬라브지붕
	냉난방	EHP 냉난방 시스템
	제실자	1청사: 334명

측할 수 있다. 이런 시간별 부하 예측 기법을 통해서 건물의 에너지 성능을 동적 해석 할 수 있다. 기후데이터와 건물 구조체의 영향과 재실자, 내부 발열 등을 모두 고려하여 예측할 수 있으므로 좀 더 실제적인 분석이 가능하다.

3) 제1청사와 해석모델의 오차분석

제1청사의 에너지 실측데이터와 시뮬레이션 프로그램을 활용한 해석모델의 에너지 사용량과의 오차는 청사의 업무 시간 및 입력변수를 보정함으로써 연중에너지 오차 범위를 5% 이내로 일치시키는 보정작업을 실시하였다(그림 53).

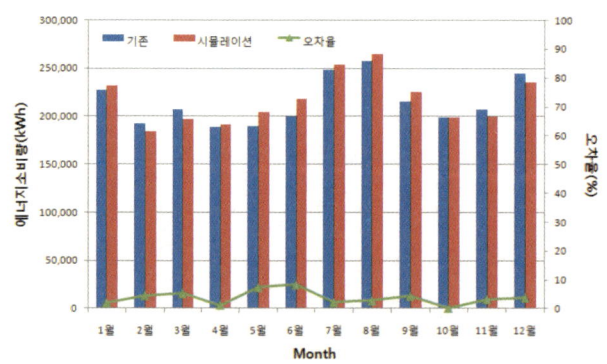

그림 53. 시뮬레이션 오차 및 타당성 분석

4) 해석모델 시뮬레이션 결과

제1청사를 토대로 작성한 해석모델의 전체 에너지 사용량 원단위는 280.7 kWh/㎡,yr로 분석되었다. 성분별로 나누어 보면 다음과 같다.

가) 해석모델의 전기에너지 원단위

에너지 사용량을 성분별로 분석한 결과 〈표 23〉과 같이 냉난방에서 냉방용으로 사용되는 비율이 16%로 높게 나타났고, 난방에너지 사용량은 5%로 사무소건물의 특성과 비슷한 성향을 보이고 있다. 냉난방용 외에 사용기기의 전기에너지가 62%로 높게 나타났다.

표 24. 해석모델을 통한 에너지 사용량 원단위
(kWh/㎡,yr)

BASE	총 사용량	원단위
조명	803.6	88.5
장치	803.6	88.5
난방	140.1	15.4
냉방	421.1	46.4
환기팬	439.3	48.4
총합	2607.7	287.3

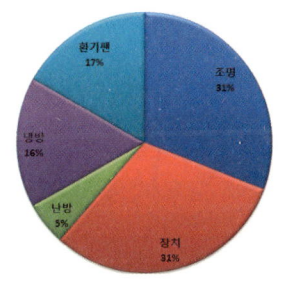

그림 54. 에너지 사용량 분석

〈그림 54〉는 각 요소별 에너지 사용량의 비율을 제시하고 있다.

나) 에너지절약을 위한 요소기술 적용 분석

에너지 저감을 위한 요소기술별 적용효과분석은 외피, 조명, 냉난방설비, 신재생에너지 기술적용효과로 나누어 수행하였다.

분석결과를 중심으로 요소기준별 최적안을 선정하여 단계별 적용효과를 분석하였으며 각 요소의 적용에 대한 표는 〈표 25〉와 같다.

기준은 에너지 절약계획에서 제시한 기준을 사용하였다. 외벽의 경우 0.6W/㎡K만 되면 된다. 하지만 개선안은 0.27W/㎡K 로 단열 효과를 3배 이상 향상시켰다. 간벽의 경우는 2배 정도 향상되었고, 지붕은 옥상녹화를 적용하여 0.43W/㎡K 까지 효율을 증가시켰고 창호는 이중외피를 적용하였다.

타당성 검토를 통한 기준모델에 각각의 요소기술에 대한 시뮬레이션 분석을 실시한 결과 기준모델의 원단위가 287.3kWh/㎡,yr에서 이중외피를 사용한 경우 총에너지 원단위 대비 91.4%에 해당하는 263.3kWh/㎡,yr 까지 감소하는 것을 알 수 있다(표 26). 즉 기준과 비교하여 외벽의 단열 성능을 향상시켜 0.3%의 절감, 옥상녹화를 하여 0.2%의 절감효과를, 간벽의 경우 2.7%, 이중외피를 적용하여 8.6%의 절감효과를 얻을 수 있는 것으로 예측되어 이중외피의 수법이 가장 효과적이라고 예측된다(그림 55).

아울러 이중외피에 대한 변수검토를 통해 최대의 효과를 얻을 수 있는 이중외피의 설계 지침이 필요할 것이다.

표 25. 에너지절감 요소기술

구분		기준	외벽	옥상녹화	간벽	이중외피
단열 W/㎡K	벽체	0.6	0.207			
	간벽	2.19			1.1	
	지붕	0.62		0.43		
창호	종류	24mm 복층				이중외피
내부발열	LPD	30W/㎡				
	EPD	30W/㎡				
	재실자	0.037인/㎡				
냉난방	공조방식	PSZ				
설비	열원	EHP				
제어	-	20도, 50%RH (winter)				
		26℃, 50%RH, (summer)				
침기	-	1.2회/h(사무실)				
환기	-	36㎥/h				

표 26. 요소기술단계별 에너지 저감량 (kWh/㎡·yr)

	기준	외벽	옥상녹화	간벽	이중외피
조명	88.5	88.5	88.5	88.5	88.5
장치	88.5	88.5	88.5	88.5	88.5
난방	15.4	14.5	14.2	6.5	6.1
냉방	46.4	46.3	47.0	48.1	34.3
환기팬	48.4	48.4	48.4	48.0	45.8
총합	287.3	286.3	286.6	279.7	263.3
절감량	100.0	99.7	99.8	97.3	91.4

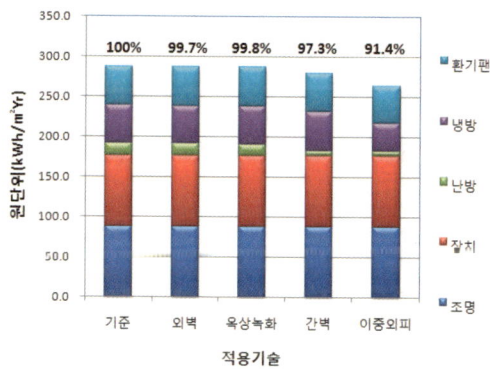

그림 55. 에너지 절감량 분석

5) 최적 이중외피를 위한 요소 평가

최적 이중외피를 위한 요소 평가를 분석한 결과, Low-e 유리와 이중외피 적용시 난방 에너지 소비량은 약 60%의 절감효과가 예

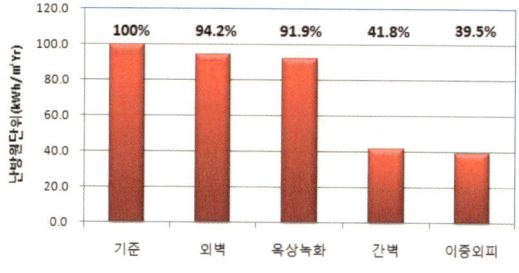

그림 56. 에너지 절감량 분석(난방)

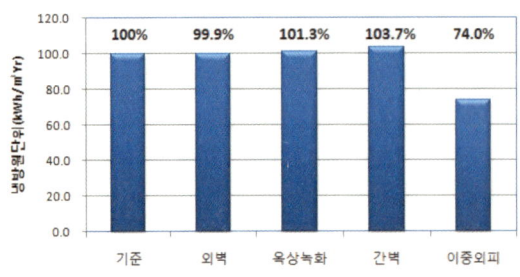

그림 57. 에너지 절감량 분석(냉방)

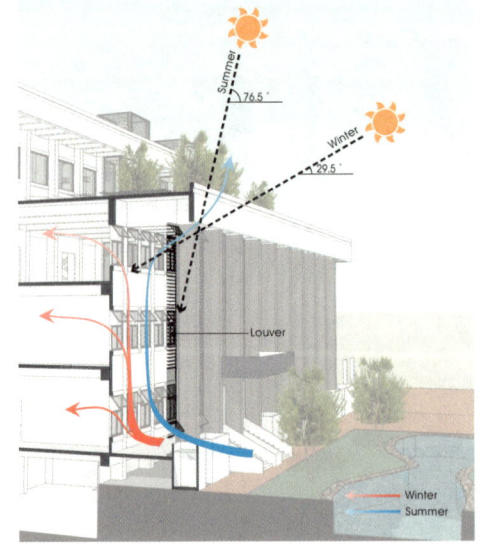

그림58. 적용된 이중외피 개념도

상되고(그림 56), 냉방에너지 소비량도 26% 감소하는 것으로 나타났다(그림 57).

창호의 열교현상을 방지하고 단열 성능을 향상시킴으로써 난방에너지 절감효과를 더 크게 기대할 수 있다.

특히 이중외피의 중공층에 환기[9]를 통해 신선한 외기를 도입시키거나, 차양을 통해 일사 유입을 막는다면(그림 58) 냉방에너지에서도 절감효과가 큰 것으로 나타났다.

즉 하절기에는 이중외피에서의 발생부하를 적극적으로 감소시키기 위한 방안이 요구되는데 이중외피에 차양을 설치하여 일사를 차단하고 중공층에 환기를 통해 발생하는 열을 제거하면, 일사의 유입에 따른 냉방에너지 소비를 줄일 수 있을 것으로 판단하였다. 특히 저녁에 야간 환기를 통해 초기 예열 부하를 떨어뜨려 최종으로 약 57% 이상의 효과를 기대할 수 있는 것으로 예측되었다.[10](그림 59)

특히 창문을 열어주는 것 외에도 환기팬 가동 시 그 효과는 커질 수 있다.[11] 환기팬의 가동 시점은 냉동기가 가동하기 4시간 전부터 0.7회/hr 정도의 환기량으로

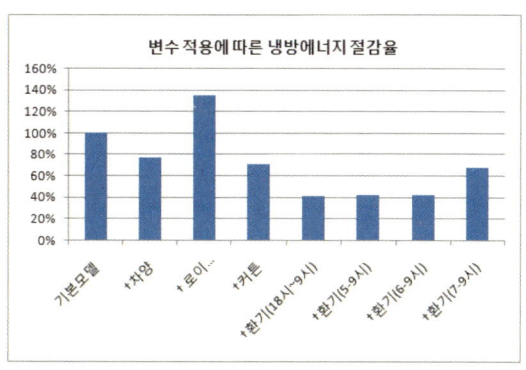

그림 59. 이중외피 냉방 에너지 변수 분석

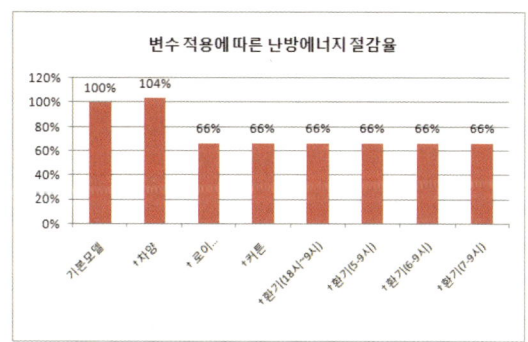

그림 60. 이중외피 난방 에너지 변수 분석

---

9) 환기 방식은 창문을 열어 외기 공기가 유입되게 하므로 야간 냉방효과를 극대화하는 방식이다.
10) 뉴바바리안주 법원에도 유사한 기법이 적용되었으며 실내의 환경개선 및 열에너지의 절감 등에 있어서 상당한 효과가 있는 것으로 나타났다. Klaus Daniels, The Technology of Ecological Building, Birkhauser, berin, 1997, pp. 186~188.
11) 특히 야간 환기 시 퇴근시간 이후에 다음날 아침까지 환기하는 경우가 냉방효과를 최대 효과를 기대할 수 있지만, 팬 동력의 절감을 위해 아침 5시부터 냉각 팬을 가동시키는 것이 최적의 효과를 얻을 수 있다.

배기해 준다면 냉방에너지의 절감을 극대화할 수 있을 것으로 판단된다.
 또한, 앞서 이중외피는 난방효과가 있는 것으로 나타났으나 기존 창틀과 침입외기에 의한 난방에너지 열손실 역시 크게 줄기 때문에 난방에 상당한 효과를 얻을 수 있는 것으로 나타났다(그림 60).

(2) 식생 측면에서의 수법 및 평가

1) 식생계획의 조건
 식생계획은 그린빌딩 조건의 주요 항목이라고 할 수 있다. 기본적으로 식생계획에는 옥상녹화, 입면녹화, 잔디 주차장 조성, 비오톱의 조성 등으로 크게 나눌 수 있을 것이다. 따라서 본 장에서는 이들 항목들을 건축물과 외부공간에 직접 적용할 수 있는 방안을 계획하고 제시하였다.

2) 식생계획 수법과 평가
 제1청사는 기본적으로 3층의 남측 옥상 부분이 이미 옥상녹화 작업이 진행되어 마무리되어 가고 있고, 계획에서는 북측 옥상 부분도 옥상녹화 하는 것으로 하였다. 업무환경에는 직접적으로 노출되는 공간은 아니지만 4층 대강당 옥상 부분도 상징적인 의미에서 옥상녹화를 하는 것으로 계획하였다.
 그러나 열부하 측면에서만 고려한다면 외피 단열을 상당부분 보강하는 것으로 제시되었기 때문에 외피의 저감정도와 비교할 때 옥상녹화로 인한 열손실 저감정도는 그다지 크지 않다고 할 수 있다. 그러나 옥상녹화는 시각적으로 그린빌딩의 상징적 효과가 크고 또한 도심에 작은 생태계를 조성한다는 측면에서는 상당히 의미 있다.

외부공간에서의 녹화는 기본 공원을 생태공원으로 조성하여 교육 및 휴식의 장소로 제공되도록 하고 청사 남측과 주차빌딩 사이에 비오톱을 조성하여 신선하고 시원한 바람의 흐름을 실내로 유도할 수 있도록 조성하는 계획을 제시하였다(그림 61).

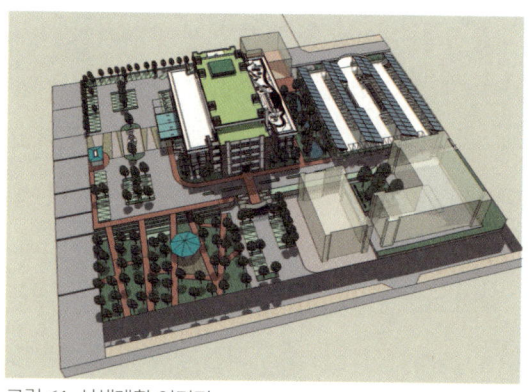

그림 61. 식생계획 이미지

5-4. 맺으며

건축 계획적 수법에서는 가장 열손실이 많았던 외피에 대한 단열효과를 높이는 방안과 아울러 업무공간의 확장 및 단열효과를 더욱 높이기 위해 제1청사의 남측과 북측 피로티 공간을 아트리움화(Double Skin 개념)로 조성하는 방안을 제시하였다

특히 아트리움화는 업무공간의 효율성을 갖기 위한 공간 확보뿐만 아니라 냉난방에너지 절약측면에서 효과가 큰 것으로 예측되었다. 즉 설정한 기준모델에 대하여 적용된 각 요소기술에 대한 시뮬레이션 분석을 실시한 결과 이중외피를 적용하여 8.6%의 절감효과가 예측되어 이중외피의 수법이 가장 효과적임을 알 수 있었다. 또한, Low-e 유리와 이중외피 적용 시 냉난방에너지 절감효과에 있는 것으로 예측되었는데, 이중외피

의 중공층(中空層)을 통한 신선한 외기의 환기방법, 차양설치를 통해 일사 유입 차단방법은 냉방에너지에서도 절감효과를 극대화시킬 수 있음을 알 수 있었다. 환기 시에는 저녁에 야간 환기를 통해 초기 예열 부하를 떨어뜨림으로써 더욱 적극적인 냉방에너지 절감 효과의 가능성을 알 수 있었다.

차양의 도입은 에너지사용의 효율성을 담보할수 있는 측면뿐만 아니라 리노베이션에서 요구되는 건축디자인과 밀접한 관련성을 갖는 것이어서 적용수법으로 유리하다.

아울러 외벽 단열재 두께의 증가와 옥상녹화의 수법은 에너지 절약측면에서 유리함을 알 수 있었다.

식생계획부분에서는 옥상녹화만으로도 충분한 단열효과가 있는 것으로 열손실 계산에서 파악되었다.

따라서 예산사용상의 문제와 투자비용에 대한 효과문제는 있겠으나 본 장에서 검토하여 제시하였던 친환경건축화 수법을 다양하게 적용한다면 상당부분 에너지 절감효과를 얻을 수 있을 것으로 기대된다. 그러나 무엇보다 리모델링을 통한 그린빌딩화는 제1청사의 에너지 효율성을 높일 수 있는 측면뿐만 아니라 친환경빌딩을 선도하는 공공기관으로서의 상징적인 측면에서 볼 때 그 의미가 크다고 할 수 있다.

아울러 본 장에서는 제1청사의 열에너지손실 현황파악에 있어서 실내 발열조건과 유리의 일사유입조건 등을 포함한 정확한 실험분석까지는 포함되지 않고 열손실부분과 열손실량에 대한 간이계산에 머문 한계가 있었다. 차후 이 부분에 대한 정확한 분석이 추가되어야 할 것으로 생각된다.

참고문헌

공기조화냉동공학회, 『건물의 공조부하계산용 표준 전산프로그램 개발 및 기상자료의 표준화 연구에 관한 최종보고서』, 통상산업부, 1996.
김광우 외, 『건축환경계획론』, 태림문화사, 1996.
송승영·정종민, 「자연형 건축설계를 위한 국내 주요도시의 기후특성 분석」, 『대한건축학회논문집(계획계)』 17권 12호, 2001.
에너지경제연구원, 『에너지통계월보』 12권 11호, 에너지경제연구원, 1996.
에너지관리공단, 『월간 에너지소비통계』, 에너지관리공단, 1996. 12.
이경회, 『건축환경계획』, 문운당, 1994.
Arens, E.A. et al., "A New Bioclimatic Chart for Passive Solar Design", 5th. NPSC, AS/ISES, Univ. of Delware, Newark, 1980.
ASHRAE, *ASHRAE Handbook 1993 Fun- damentals*, ASHRAE, 1993.
Givoni, Baruch, *Climate Considerations in Building and Urban Design*, Van Nostrand Reinhold, 1998.
Givoni, Baruch, Man, *Climate and Architecture 2nd. Edition*, Van Nostrand Rein- hold, 1981.
Group WX-4, *DOE-2 Reference Manual Part 2 Version 2.1*, U.S. Department of Energy, 1980.
Klaus Daniels, *The Technology of Ecological Building*, Birkhauser, 1997.

# 제Ⅲ부

제주도시 내 보행숲Greenway 조성하기

제Ⅲ부

제주도시 내 보행숲Greenway 조성하기[12]

6. 친환경 보행숲Greenway의 필요성과 조성원칙

6-1. 들어가며

건축 행위는 인간의 생활을 위해 만들어지는 인조환경이며, 이러한 행위 그 자체는 자연환경을 파괴하는 결과로 연결되기 쉽다. 특히 콘크리트와 철, 유리 등의 인간이 만든 재료에 의하여 형성되는 건축물에 의해 도시공간은 자칫 메마르고 삭막한 공간으로 변질될 가능성이 높을 수밖에 없다.

이를 위해서 도시 속에 오픈 스페이스(Open Space)[13]의 확보가 필요

---

12) 제Ⅲ부의 보행숲에 대한 내용은 2016년 한국은행 제주지역본부의 지원에 의해 진행되었던 내용을 정리한 것이다.
13) 도시내 개방된 공간으로 공원, 녹지공간 등을 통해 다양한 옥외활동과 휴식기능을 제공함으로써 경관적 기능과 쾌적한 시각적 기능을 갖춘 공공장소이다.

한 것이다. 기본적으로 오픈 스페이스는 건물이 건립되지 아니한 공개공지이며, 주거생활 이외에 다양한 도시민의 생활을 유도하기 위해 도시 속에 독립된 수림지, 초지 등으로 구성된 공공성이 강한 녹지화된 개방적인 공지이다. 특히, 수림지로 구성된 오프 스페이스가 공원녹지이며 일반적으로 도시공원이라고 부르고 있다.

서구도시는 산업혁명을 계기로 하여 출현한 도시 속에 많은 녹지공간을 확보하고자 하였다. 그러나 뒤늦게 근대화가 시작된 우리나라의 경우, 도시 시설 중에서도 가장 부족하고 취약한 것이 공원녹지라고 할 수 있다. 도시공원과 반대되는 것이 자연공원이며, 자연공원은 자연경관의 보호와 이용을 도모하기 위해서 국가나 지방자치단체가 지정 운영하는 도시 이외의 공원이다. 공원의 기능은 크게 도시공간적 측면과 자연공간적 측면, 그리고 보건적 측면으로 구분할 수 있다. 도시공간적 측면은 시가지의 확대를 방지하고 방재와 안전한 생활공간을 확보하는 기능이 있고 자연공간적 측면에서는 수목공간을 확보하고 경관을 조성하는 기능을 갖고 있다. 보건적 측면에서는 일반시민들의 적절한 운동공간을 확보하고 나아가 휴식공간을 제공한다는 측면에서 상당히 중요한 기능을 갖고 있다고 할 수 있다.

제주특별자치도의 도시디자인은 세계가 인정한 천혜의 자연환경의 기반 위에 어떻게 우리들의 삶이 묻어갈 수 있는가에 대한 접근에서 시작되어야 할 것이다. 그 원칙이 선 보전 후 개발이며 인위적인 구조물로 채우기보다는 녹지공간과 여유공간으로 비워가는 개발사업, 지역성 없는 동일한 개발적용보다는 도시와 농촌의 개성을 돋보이게 하는 차별화된 개발사업, 수평적인 확장보다는 자연과 조화로운 수직적 복합개발사업,

균질적인 공간을 만드는 개발보다는 감성적이고 감동적인 공간을 만드는 개발사업이 바로 도시디자인이다. 지역주민의 삶의 질 개선과 도시 고유의 정체성, 경관적 가치를 극대화, 도시성장의 지속성을 갖기 위한 도시디자인 전략의 하나로서 도심 보행숲Greenway은 기본적으로 보행환경을 확보하고 아울러 도심 내 작은 숲을 형성할수 있다는 점에서 매우 중요한 의미를 갖는다.

6-2. 제주도시디자인 전략으로써 보행숲Greenway 조성의 필요성

궁극적으로 제주시를 관통하는 3대 하천 중심의 보행숲Greenway은 다음과 같은 의미를 담고 있다. 중산간지역에서 바다로 이어지며 기존의 주요 공원과 연결되어 녹지축을 형성하는 의미, 침제된 시역과 지역을 연결하는 의미, 하천의 복개구조물 철거를 비롯한 복원의 의미와 효율적으로 관리, 특히 원도심 재생사업과의 연결되는 의미 등을 내포하기 때문에 도시의 유기적조직을 구성하는 데 있어 상당히 중요한 역할을 한다.

특히 지역사회와 정책적 측면에서 볼 때 보행숲Greenway은 도시생활환경의 개선과 교통문제, 친환경공간의 구축 등 다양한 측면에서 매우 중요한 도시디자인수법 중의 하나라고 할 수 있기 때문이다.

(1) 지역사회의 효과

보행숲Greenway은 단순한 녹지공간조성에 초점을 둔 것이 아니라 보행환경개선 및 지역사회 자원의 활용에 기반을 하고 있는 것이기 때문에 지역사회의 정주환경 재편과도 밀접한 관련성을 갖고 있다. 특히 본 연구의 대상을 제주시 동지역으로 하고 있으나 도시재생이 추진되고 있는 원도심과도 밀접한 관련성을 갖고 있어서 사회적 효과는 크다고 할 수 있다. 또한, 기후변화로 인하여 도시열섬현상이 심각해 지고 있는 환경변화 여건 등을 고려할 때 지역적 파급효과가 상당히 크며 사업추진에 따른 경제적 효과도 클 것으로 기대하고 있다.

(2)정책적 시사점

기본적으로 제주도가 추구하고 있는 청정과 공존이라는 미래가치를 도시공간 속에 구현할 수 있는 적절한 방안의 하나이며 특히 각 부서별로 추진하고 있는 도시숲 조성사업, 친환경인증사업, 도시디자인사업, 자전거도로 확충사업, 그리고 도시재생사업 등 여러 부서의 사업과도 협업으로 추진함으로써 정책적 파급효과를 높일 수 있을 것으로 기대된다.

(3) 국내외 사례 및 시사점

각국 여러 도시에 있어서 다양한 형식으로 보행숲Greenway을 조성하고 있는데 뉴욕, 벤쿠버, 싱가폴 등은 대표적인 보행숲Greenway 조성 도시라 할 수 있다.

뉴욕의 조성원칙과 방식은 가능한 한 주어진 자연요소를 최대한 이용하여 활용하는 조성계획의 원칙을 갖고 있으며 조성방식에 있어서는 기본적으로 자연요소와 기존계획, 관련계획을 통합하고 자전거와 보행자를 위한 길을 조성하는 방식으로 추진하고 있는 것이 특징이다.

밴쿠버의 보행숲Greenway 조성원칙은 구석구석 도시 전체를 연결하는 계획으로 집 앞까지 이어지는 보행숲Greenway 실현한다. 아울러 보행자, 자전거를 위한 공공의 통로를 조성하여 도시전체를 커뮤니티의 연결하는 방식으로 조성하고 있다.

서울과 가장 비슷한 조건을 가진 싱가폴은 공원이나 수변공간과 같은 자연요소들의 도입을 적극적으로 이용하여 자신들만의 보행숲Greenway 확보하는 조성원칙 아래 여러 장소들을 연결하는 다목적 보행숲Greenway 과 파크커넥터를 조성하고 녹지, 공원, 길을 유기적으로 연결하는 방식으로 추진되고 있다(그림 62).

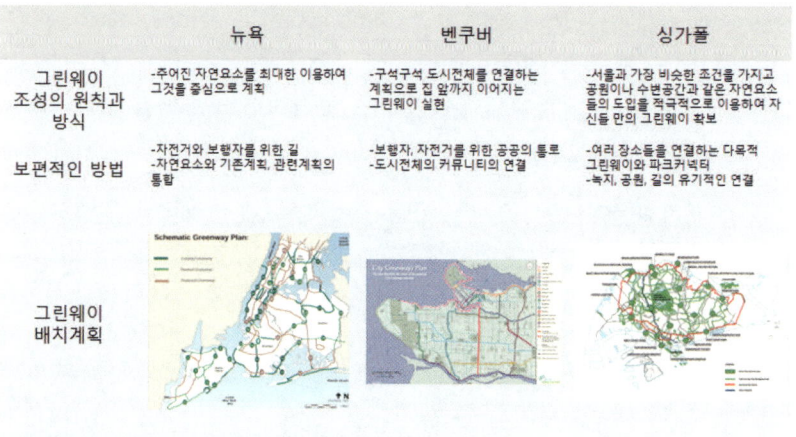

그림 62. 해외의 보행숲Greenway 조성사례

이외 도시에서의 보행숲Greenway 조성과정 및 원칙을 보면 뉴욕 하이라인의 경우, 철도수송수요 감소로 인한 펜실베니아역 남쪽에 해당하는

	뉴욕 하이라인	프랑스 프롬나드 플랑떼	미국 로드아일랜드 프로비던스 리버워크	미국 보스턴 하버워크
조성 과정	-철도수송수요 감소로 인한 펜실베니아역 남쪽에 해당하는 1.45마일의 철도구간이 폐쇄되고 25년간 방치 -토지주들의 철거요청에 시민들의 반대로 철거가 이루어지지 않고 하이라인 보전과 공공공간 전환을 위해 뉴욕시는 하이라인을 조성	-1859년 부터 1969년 까지 바스티유역에서 파리 동남쪽을 연결했던 철도가 있던 자리에서 운행이 중단된 후 방치되어 있다가 1980년대 녹지로 조성됨.	-1979년부터 낙후된 도심의 재생을 위하여 도시 발전의 걸림돌이었던 철도를 외곽으로 옮기고 콘크리트들을 걷어내고 하천을 복원하여 공원조성	-1866년 수립된 매사추세츠 주의 공공수변관리법(Chapter 91)에 기초하여 수변공원조성 -Chapter 91 은 공공 목적의 해당 관련 용도는 우선적으로 승인하는, 한편, 비 해당 관련 용도에 대해서는 다양한 공공혜택의 제공(수변공간 접근로 제공, 수변 보행로 조성, 수상교통시설 제공 등)을 전제로 허용하고 있다.
계획의 원칙	-20세기의 정원한 공원과는 다른, 새로운 공원을 표방 -총 3단계의 구간 설정 -1, 2 단계의 구간: 식재와 초목, 예술작품과 세련되고 매끈하게 제작된 파상 포장재 위로 뉴욕 경관 -3단계구간: 과거 하이라인 그대로의 모습을 간직 -도시의 잃어버린 과거와 새로운 현재가 공존하는 아름다움을 형성 -도시와 공원의 새로운 관계설정 -근대 산업유산의 낯선 감각을 극대화 - 걷기 좋은 공원	-기존의 철도 구조물을 그대로 보존하면서 독특한 신 건축개념을 도입 -철도, 공원, 도심이 어우러진 모습을 형성 -레저, 광장, 극장, 도서관 등 프랑스 파리의 도시 주요시설과 인접하여 시민들의 편의성 고려	-공간계획과 프로그램의 연계 -물리적 환경 개선뿐만 아니라 해마다 열리는 주민참여 공공예술행사인 WarterFire와 다양한 문화행사가 열릴 수 있도록 계획	-수변공간의 공공적 활용을 위한 정부 차원의 법적 근거 제공 및 지자체의 유연한 운용 -보스턴 항만의 수변을 따라 공원, 공연예술, 카페, 전시공간 등 다양한 편의시설 운용 -각 지자체는 Chapter 91의 근본적인 요점을 충족시키면서 지자체의 성숙 순위나 조건에 적합한 방식으로 유연하게 변경가능
디자인 전략	-1,2 단계구간 -도시와 맞닿으면서도 약간의 거리를 두는 공간의 특수성 -뉴욕의 스카이라인과 허드슨강의 열린 경관 들에 감성 자각 -차경(Borrowed Landscape)'을 활용한 설계기법 -공원 곳곳의 작은 무대공간과 휴게공간 -3단계구간 -철로가 폐쇄되고 25년간 방치되어 온 하이라인의 모습을 최대한 보존 -1,2단계의 디자인 언어를 유지하여 전체구간의 통일성을 주면서도, 공원 직전까지 방치된 식생이나 콘크리트 구조 등을 그대로 노출하여 장소의 역사적인 의미를 다시 한 번 생각해볼 수 있게 함	-산책로 중간중간에 마을길과 연결하여 자연스러운 마을 진입 유도 -공원의 산책로가 기본속도로 3층 높이 정도로 되어 있어 건물 위에 있는 정원과 화분 등에 감성적인 오브젝트를 놓음이에 맞춰 보다 근접한 거리에서 바라볼 수 있음	-공간계획적인 측면에서 강변을 따라서는 선형의 활동들을 수용하는 리버워크를 조성하고, 도심부에는 원형의 수공간과 함께 워터플레이스 파크를 조성하여 다양한 활동들을 수용하도록 계획 -공간과 그 공간에 담긴 삶의 조응을 통하여 고유한 장소성을 형성	-각 수변지역의 여건에 적합한 디자인 계획 수립

그림 63. 해외 보행숲Greenway 조성사례

1.45마일의 철도구간이 폐쇄되고 25년간 방치되었던 철로를 토지주들의 철거요청에 시민들의 반대로 철거가 이루어지지 않고 하이라인 보전과 공공공간 전환을 위해 뉴욕시는 하이라인 공원을 조성하였다. 또한 프랑스 프롬나드 플랑테는 1859년부터 1969년까지 바스티유역에서 파리 동남쪽을 연결하던 철도가 있던 자리가 운행이 중단된 후 방치되어 있다가 1980년대 녹지로 조성된 사례로 기존의 철도 구조물을 그대로 보존 하면서 독특한 신 건축개념을 도입하여 철도, 공원, 도심이 어우러진 모습을 형성하고 레저, 광장, 극장, 도서관 등 프랑스 파리의 도시 주요시설과 인접하여 시민들의 편의성을 고려하여 조성되었다(그림63, 그림64).

국내에서도 서울역7017을 비롯하여 경의선 숲길공원조성, 청계천 수변 공원조성, 광주 푸른길 공원 조성 등의 사례가 있다(그림 65).

그림 64. 보행숲Greenway 사례 이미지(그림 62와 관련된 이미지임)

그림 65. 국내 보행숲Greenway 조성사례

6-3. 절대적으로 녹지공간이 부족한 제주시 도시공간

(1) 인문학적 현황

원도심지역 및 무근성 일대의 인구가 적은 편이지만, 주변 지역은 아파트 등 대규모 단지 조성으로 인해 인구분포가 비교적 고르게 분산되어 있는 것으로 나타났다(그림 66).

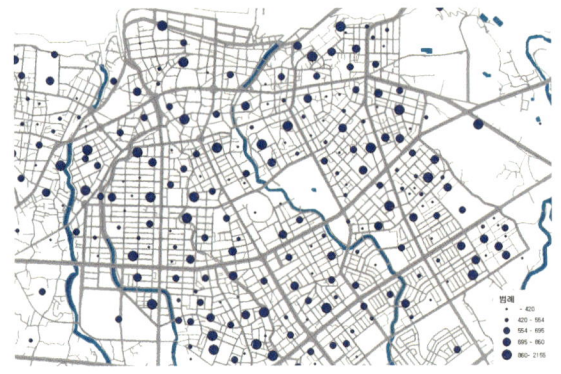

그림 66. 3대 하천이 지나는 제주시 중심지역의 인구분포 현황(주: 통계청 통계지리정보자료 2010년 기준으로 작성)

일부 지역을 제외하고는 사업체가 밀집되어 있지 않은 것으로 나타났는데(그림 67), 이는 대상지역이 주요도로를 제외하고는 대부분이 제2종일반주거지역이라는 도시계획상 용도지역의 특성이

그림 67. 3대 하천이 지나는 검토대상지의 사업체 수(주: 통계청 통계지리정보 2013년기준으로 작성)

반영되었기 때문으로 생각된다.

(2) 물리적 현황

주요 노선도로는 일반상업지역으로 설정되어 있고 이외의 대부분 지역은 제2종 일반주거지역으로 지정되어 있다(그림 68).

그림 68. 3대 하천이 지나는 검토대상지의 용도지역 설정 현황

제주시 동지역을 지나는 하천은 여러 하천이 있으며 그중에서도 원도심과 밀접한 관련성을 갖는 하천이 산지천, 병문천, 한천이다.

이들 하천은 상류 및 중류에서 여러 지류로 나누어져 흐르다가 생활권역에 이르러서 합쳐지는 특징을 보이고 있다.

이들 하천의 특징은 원도심 내 생활공간을 지나면서 일부 복개되어 하천으로서의 기능에 제약을 받고 있으며 특히 병문천은 상당 구간에 걸쳐 복개구조물로 인해 호우 시 하천 흐름에 장애요소가 작용하고 있는 것으로 예측된다(그림 69).

또한, 건축물의 분포현황을 보면 일반상업지역에 비교적 규모가 큰 건축물이 분포하고 있고 대부분 작은 규모의 건축물이 집중적으로 분포하고 있은 것으로 나타났다(그림 70).

도시생활권 지역에서의 녹지공간은 생활환경에 큰 영향을 줄 뿐만 아니라 도시경관 등에 있어서도 적지 않은 영향을 주게 된다. 주변의 녹지공간 분포를 살펴보면, 도시 내 일부 공원 및 기타 녹지공간이 있으나 전반적으로 녹지공간이 절대적으로 부족한 편이지만 도시 생활권 주변지

그림 69. 제주시를 지나는 하천의 분포 현황

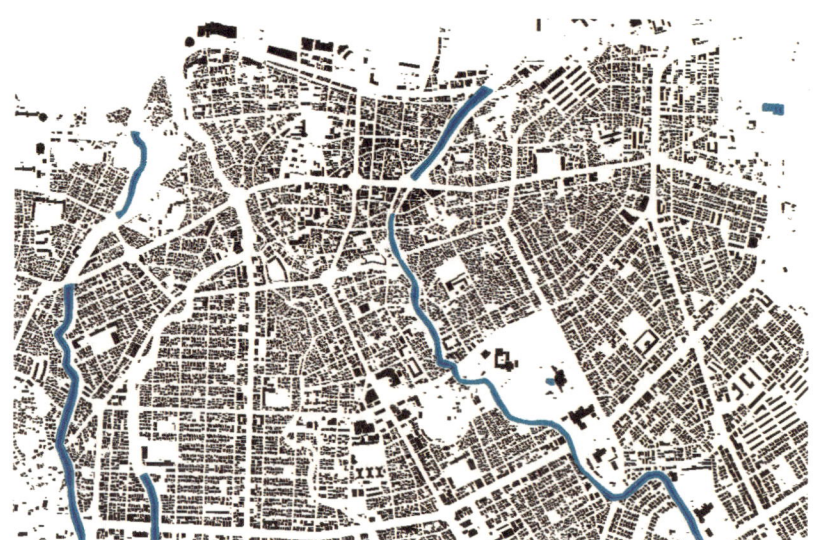
그림 70. 하천과 건축물의 분포 현황

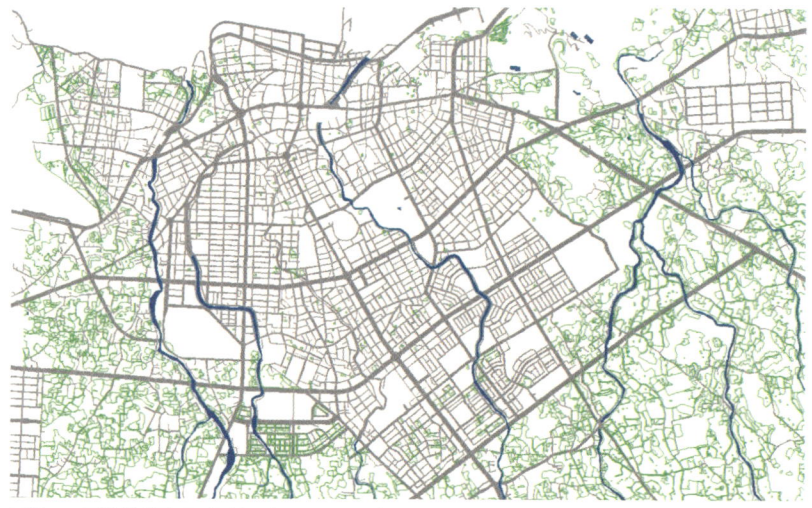
그림 71. 도시생활권 주변의 녹지공간분포 현황

제Ⅲ부 제주도시 내 보행숲 조성하기 121

역으로는 여전히 녹지공간이 둘러싸는 형식으로 분포하고 있다(그림 71). 이러한 여러 가지 조건들을 고려 할 때 도시 내 보행숲Greenway 조성의 필요성과 당위성이 있다고 생각된다.

6-4. 보행숲Greenway 조성을 위한 방향과 원칙

(1) 보행숲Greenway 조성 방향

제주의 하천은 건천으로 평상시 물이 흐르지 않지만 호우 시 지하로 투수되지 않은 빗물을 바다로 흘려보내는 하천으로서의 기본적인 역할과 기능뿐만 아니라 하천 주변과 골짜기를 따라 오랜 세월의 흐름 속에 형성되어 온 자연생태계는 한라산과 바다로 이어져 있어서 생태통로, 생태축으로서 매우 중요한 기능을 갖고 있다. 또한, 제주의 하천은 독특한 지질학적 특성이 고스란히 노출되어 있어서 제주하천만의 자연경관을 즐길 수 있는 경관적 기능으로서도 매우 중요한 의미를 갖고 있다고 할 수 있다.

제주의 지형과 하천은 육지부의 그것과 다르며 특히 하천이 그러하다. 먼저 제주의 하천은 건천이라는 점, 둘째는 육지부의 하천과 달리 하천의 거리가 짧다는 점, 셋째, 한라산을 중심으로 산남과 산북방향으로만 하천이 흐르고 있다는 점, 넷째, 지형적으로 경사져 있는 하천이라는 점 등이 다르다. 그리고 제주에서는 강(江)이 없고 하천(河川)으로 부르고 있다. 강으로서의 기능과 규모를 갖고 있지 못하고 있음을 의미하는 것이기는 하지만 그만큼 제주하천은 육지부의 강(江)만큼이나 중요한 의미와 기능을 갖는 요소라고 할 수 있다.

제주의 하천은 지질학적, 지형학적으로 중요한 가치가 있으며 일부 하천을 제외하고는 대부분이 건천이어서 더욱 특이하다고 할 수 있다. 그러나 물이 흐르지 않은 건천이기는 하지만 평상시에는 하천 바닥과 주변을 장식하고 있는 암석들이 다양한 표정들로 구성되어 있고, 우천 시에는 하천의 암석들이 빗물의 흐름을 저하시키면서도 하천 주변의 푸른 숲과 조화를 이루는 독특한 제주의 하천경관을 연출하고 있다. 오히려 이것이 물이 없는 건천이라는 이유 때문에 소외되어 왔던 제주 하천의 풍경이자 기능이었던 것이다.

그러나 제주다움을 만들어 내는 하천의 기능과 역할을 무시한 채, 불행하게도 개발이라는 이름 아래에서 너무 쉽게 제주의 하천을 훼손하여 왔다. 원활한 빗물의 흐름을 확보하기 위해 하천정비는 필요하겠으나 지역적 조건과 경관에 대한 존중 없이 단순히 통수단면을 확보하기 위해 하천을 너무 쉽게 훼손하기도 하였고, 때로는 택지개발사업과 도로, 주차공간을 만들기 위해 복개하기도 하고, 때로는 공용시설을 만들기 위해 하천 하류에 인접하여 대규모 매립지를 만들었고, 때로는 공공의 자원이자 자산인 하천의 경관을 개인적으로 즐기기 위해 적지 않은 건축물이 건축되기도 하였다.

결국은 자연에 순응하여야 한다는 지극히 원론적인 생태계의 원칙을 거스르면서 자연경관과 삶의 문화풍경 훼손으로 이어지게 되었고, 이는 나아가 인간에게 고스란히 재해라는 손실로 되돌아 온다는 교훈을 2003년 태풍 매미, 2007년 태풍 나리(NARI) 등의 자연재해를 통해 체험하였다.

제주다움의 하천경관을 만들어가고 유지하기 위해서는 제주의 땅과 공간, 그리고 스케일 측면에서 논의되어야 할 것이다.

먼저 땅과 관련해서 논의해야할 부분은 화산섬이라는 제주 특유의 지질학적 특성과 제주의 땅이 가진 지형과 지세를 크게 훼손시키지 않아야 한다는 점이다. 상류-하류로 이어지는 하천의 거리가 짧고 산남과 산북으로 흐르는 제주하천의 특성을 이해하여 도로를 개설할 때 더욱 조심스럽게 접근할 필요가 있는 것이다. 제주도 내의 주요 도로의 대부분이 하천을 가로지르는 형태로 개설되기 때문이다.

둘째, 공간적 측면에서는, 자연 그대로의 하천을 가능한 한 보전(保全)하려는 노력과 함께 한라산과 바다로 이어지는 제주의 하천특징을 살려 중산간 부분의 상류와 중류 하천은 생태녹지축으로 조성하고, 거주밀집지역을 흐르는 하류 부분은 보행녹지축으로 조성하기 위한 노력도 중요하리라 생각한다.

마지막으로, 스케일에 있어서는 기본적으로 제주의 건축물은 육지에 비해 크지 않다. 이것은 바람과의 대응에 유리하기 때문이기도 하거니와 원풍경이 되는 한라산과 오름과의 관계설정, 특히 하천 주변과의 관계에 있어서도 조화로운 경관 이미지를 형성하는 데 중요하다고 할 수 있다.

이러한 작은 노력과 관심이 집중될 때, 지역의 정체성 확보가 가능할 것이며, 자연스럽게 제주다움이 넘치는 하천경관이 유지될 수 있다. 제주도가 지향하는 생태도시의 시작은 삶의 근원이라고 할 수 있는 제주의 하천과 주변 녹지공간의 적극적인 유지와 관리에 달려 있다.

(2) 보행숲Greenway 조성 개념과 원칙

제주의 하천 기능과 역할, 그리고 도시생활공간의 문제점 등을 종합적으로 고려할 때 보행숲Greenway 조성은 남북 방향으로 흐르는 3대 하천과 동서를 가로지르는 주요생활도로가 중첩됨으로서 녹색환경망을 형성하고, 망의 내부는 공원과 학교를 연결하여 녹지공간화하는 조성개념에 기반을 두고 있다(그림 72). 또한 다음과 같은 원칙에 따라 추진하는 것이 바람직하다.

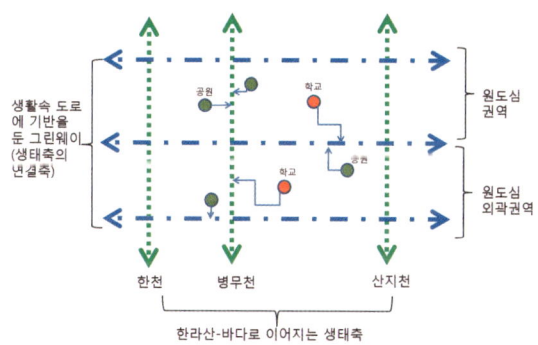

그림 72. 보행숲Greenway 조성개념

원칙1: 제주시 원도심을 지나는 3대 하천을 남-북으로 이어지는 자연 생태축으로 하여 동식물의 생태계의 흐름이 자유롭도록 유지 관리한다.

원칙2: 인구분포와 도시 내 도로체계의 위계구조를 고려하여 원도심 권역과 원도심외곽권역으로 구분하여 보행숲Greenway을 조성한다.

원칙3: 세로는 생태축, 가로는 보행숲Greenway 조성이라는 녹색환경망을 조성하고 보행숲Greenway 조성의 파급효과를 높이기 위해 기존에 조성된 어린이공원 및 근린공원과 연계하도록 한다.

원칙4: 보행숲Greenway 조성에는 보행환경조성도 중요하기 때문에 기본적으로는 학생들의 안전한 보행환경조성을 위해 학교의 주변 길과 연계하되 사회적 약자인 어린이와 임산부, 노인들의 보행환경도 고려한다.

원칙5: 보행숲Greenway 조성 시에는 불필요한 토목공사는 지양하고 가능한 주어진 주변의 자연환경을 최대한 활성화할 수 있도록 한다.

원칙6: 끊겨진 녹지공간, 보행공간은 연결한다.

원칙7: 자동차도로는 넓고 보행공간은 좁은 경우 자동차의 차선을 줄이고 녹지공간중심의 보행공간을 넓힌다.

원칙8: 자동차도로만 있는 경우에는 보행공간을 신설한다.

원칙9: 생태축과 도로가 교차되는 부분은 상징적 공간으로 조성하여 보행환경 중심으로 조성한다.

원칙10: 보행숲Greenway의 시작점과 종료점에는 보행자가 인식할 수 있도록 공간을 조성한다.

(3) 보행숲Greenway 조성을 위한 구성 요소: 점(点), 선(線)에서 면(面)으로 확산

〈그림 72〉에서 알수있듯이, 보행숲Greenway 조성 개념의 기본적인 구성 요소는 점(点)적 요소와 선(線)적 요소로 구성되어 있으며 이들 요소들이

결합되어 궁극적으로는 면(面)적 요소로서의 기능을 갖도록 기능적 확산을 유도하는 것이 보행숲Greenway 조성 개념의 큰 틀이라 할 수 있다.

점(点)적인 요소와 선(線)적인 요소에 대한 기능적 내용을 정리하면 다음과 같다(그림 72 참조).

점적 요소1(학교와 공원): 학교와 공원은 도시계획에 있어서 중요한 인프라라 할 수 있으며 유기적인 체계 속에 작동되어 선(線)적인 요소로부터 도시 내 일정공간을 활성화시킨다.

점적 요소2(교차점(Node)): 하천과 도로가 겹쳐지는 지점, 즉 교차점(Node)은 집합지점으로 각각 다른 기능의 선(線)적 요소, 하천과 도로를 묶어주고 중심점이 된다. 케빈 린치(Kevin Lynch)가 제시한 지각지도(mental map)를 구성하는 기본요소의 하나이기도 하며 교차점을 통해 주변공간에 대한 이해, 인지도를 높이는 기능을 한다.

선(線)적 요소1(도로): 도로는 동서로 가로지르는 지형적으로 고저차가 적은 공간으로 기본적으로 일반인뿐만 아니라 사회적 약자들에게도 보행에 신체적 부담을 적게 줄 수 있는 이점이 있다. 특히 도로를 따라 이동하면서 도시 내 쾌적한 보행공간 기능을 제공할 뿐만 아니라 지역적 확산기능을 가진 학교와 공원의 점(点)적인 요소와 연계되는 핵심적인 기능을 갖게 된다.

선(線)적 요소2(연결통로): 연결통로는 선(線)적 요소1(도로)과 점(点)적 요소1, 2를 연결하는 기능을 가진다. 아울러 연결통로의 형태에 따라서 보행자 전용 혹은 차량혼용 형태로 조성하되 길에 접한 주택의 담을 철거하고 녹지공간화하여 블록 내 녹지공간을 확산하는 기능도 갖게 한다.

선(線)적 요소3(하천): 하천은 한라산, 중산산, 바다로 이러지는 생태계의 중요한 요소 중의 하나로서 기능을 갖도록 한다. 아울러 현재 기 조성된 산책통로의 기능을 보완하여 보다 안전한 보행환경 기능을 제공한다.

(4) 핵심 점(点)적 요소와 선(線)적 요소의 중요성

1) 점(点)적 요소1(공원)

보행숲을 구성하는 점적 요소로 공원으로서의 기능이 정상적으로 작동하기 위해서는 공원배치계획에 있어서 공원과 녹지계통을 하나의 단위로 하는 것이 원칙이며, 개개 공원의 기능을 충분히 발휘시켜 도시 전체의 공원녹지를 하나로 묶어 계통화, 즉 공원과 공원 사이를 연결하는 주요간선도로, 공원도로, 녹지대에 의하여 산책로, 자전거도로 등에 의하여 이용될 수 있도록 공원을 연결시키는 것이 바람직하다(그림 73, 그림 74).

체계적으로 연결된 공원에 근접하여 문화시설을 배치하거나 이동공간의 적절한 장소에 공공미술들을 설치함으로써 공공문화시설로의 안전한

그림 73. 프랑스 파리의 도심공간에 위치한 공원. 인접한 쇼핑센터는 상호보완적 관계를 가지며 기능하면서 공원은 시민의 휴식공간이 되고 있다

그림 74. 프랑스의 대표적인 문화공간인 퐁피두센터는 접근성의 용이함과 넓은 광장 때문에 많은 사람들이 찾아 문화이벤트와 분위기를 즐기는 공공예술공간이다

접근성을 확보하고 문화시설의 이용률을 높여 문화적인 삶을 추구할 수 있는 생활환경을 조성하는 것은 삶의 질적 향상이라는 측면에서 큰 의미를 갖는다. 문화선진국으로 불리는 영국이나 독일, 프랑스의 도시들이 품위 있고 격조 있는 것은 적절한 도시의 녹지공간과 문화시설의 근접성을 갖고 있기 때문이다 (그림 75 참조).

2) 선(線)적 요소1(도로)

80년대 중반 이후부터 늘어나는 자동차의 원활한 소통을 위하여 도로를 넓히면서 역사적 문화경관의 부정적인 변화와 아울러 재해의 피해도 나타나기 시작했다. 도시계획을 하고 길을 만들며 도시의 인프라를 구축하면서 그곳에 삶을 담고 있는 사람과 문화, 역사, 그리고 개

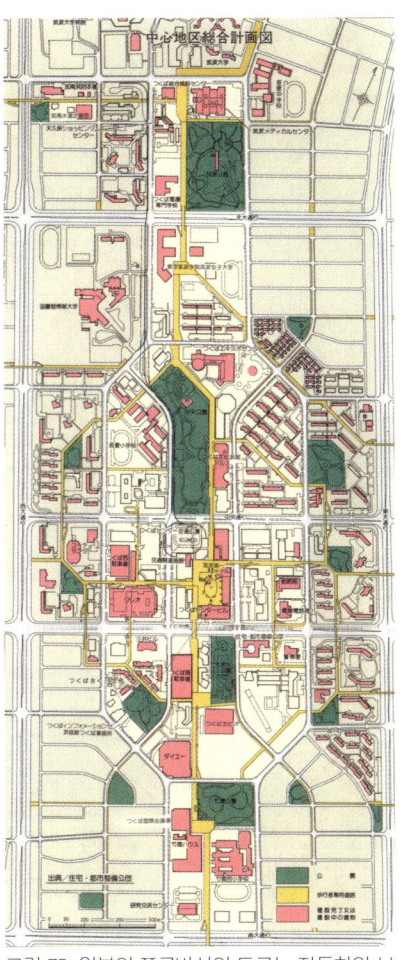

그림 75. 일본의 쯔쿠바시의 도로는 자동차와 보행자전용도로가 분리되어 있고 보행자전용도로에 각종 문화시설들이 근접해 있어서 접근성과 편리성이 높다

발에 따른 리스크를 심각하게 고려하지 않았던 것이다. 자연환경의 관점에서 본다면 개발 그 자체는 규모와 공공적 성격의 크고 작음에 관계없이 자연파괴 행위일 수밖에 없는 것이다. 문제는 얼마나 효과적이고 합

리적인 개발방식인가에 달려있다. 제주에서 이루어지는 수많은 개발, 그 자체를 부정적으로 바라보기보다는 개발과정에서의 땅에 대한 배려와 역사적 가치의 수용, 그리고 자연에 대한 인간의 겸손함에 대한 부족이 문제인 것이다. 자연에 대한 인간의 부조화의 결과는 문화풍경의 훼손 차원을 넘어 삶의 환경에도 심각한 훼손으로 이어질 수 밖에 없는 상호관련성을 갖고 있다. 그것은 인간의 오만함에 대한 엄중한 경고이자 우리들 삶에도 얼마나 큰 영향을 주는 것이다.

이와 같은 인간의 개발태도의 배경에는 도시차원에서의 문제를 지적할 수밖에 없다. 근대도시계획에서 가치를 부여하였던 자동차중심의 도시기능의 병폐를 아무런 비판 없이 우리나라에서도 수용하여 왔고 이 땅 제주에서도 관광객 유치라는 이름 아래 해안도로가 건설되어 왔고 이른바 신도시에는 획일적인 격자형 도로가 제주의 지형적인 조건이나 하천의 흐름에 대한 배려 없이 건설되어 왔다. 결국 이러한 비합리적인 개발의 오랜 축적은 고스란히 인간에게 되돌아오기 마련이다. 태풍 매미와 나리가 상륙했을 당시 재해의 발생 장소는 거의 대부분은 인위적인 개발이 집중되었거나 혹은 불필요하게 이루어졌던 지역들이었다.

특히 한라산을 정점으로 바다로 자연스럽게 흐르는 지형과 하천의 특징을 고려하지 못한 채 자동차의 속도를 담보하기 위해 직선도로를 개설함으로서 적지 않은 절토와 성토작업이 이루어져 그로 인해 인근마을의 침수피해와 저지대로의 집중적인 물길이 형성되어 2차 피해를 낼 수 있는 위험성도 더욱 높아지게 되었다.

장기적인 기상관측에 의하면 온난화의 영향으로 앞으로 지속적으로 큰 태풍이 찾아올 것이다. 더욱 피해의 가능성이 높아질 수밖에 없을 것

그림 76. 보행자와 자전거 중심의 도로(네덜란드)   그림 77. 도시 내 하천 경관을 이용한 보행로와 자전거, 자동차도로(네덜란드)

이다. 우리들의 문제점을 직시하고 있는 만큼 현명하고 착실하게 재해 예방을 위한 도로개설방식의 재점검이 필요하다. 외국의 경우 사람 중심의 보행환경과 친환경 교통수단이 자전거도로에 초점을 두고 도로체계를 재편하고 있는 점은 눈여겨 볼 필요가 있다(그림 76, 그림 77 참조).

3) 선(線)적 요소3(하천)

최근 이상기후로 인하여 재난재해에 대한 사전대비의 필요성이 더욱 높아지고 있다. 2007년 태풍나리는 개발방식의 문제점과 재난재해의 사전예방의 중요성을 몸으로 체험하게 하였던 좋은 교훈이었다고 생각된다. 이로 인해 도시계획과 각종 사업의 개발방식에 대한 제주도민의 인식이 점차 변한 전환점이 되었다고 생각된다. 당시 가장 큰 문제점은 하천범람으로 인한 도시지역의 침수와 인명과 재산피해였다. 100년에 한 번 올 수 있는 강우량으로 인해 피해가 커졌다는 논리였으나 일정부분은 인재(人災)에서 기인하였다는 점은 부인할 수 없을 것이다. 이후 하천관리를 위해 저류지 건설과 감시 카메라 설치 등 사전예방을 위한 행정당국의 노력도 긍정적으로 평가할 부분이라 생각된다.

그러나 지금까지 하천관리의 가장 큰 문제점은 물의 흐름에만 초점을 두고 이른바 하천의 통수단면 확보와 저류지 확대를 위한 하천정비에 적지 않은 예산을 투입하고 있다는 점이다. 통수단면 확보의 필요성은 있겠으나 기본적으로는 하천에 집중되는 우수를 억제하거나 분산시키는 다양한 노력이 선행되어야 할 것이다. 제주의 하천은 한라산과 바다를 연결하는 물길이기도 하고 다양한 생명체가 연결되는 생태통로이자 중요한 시각경관 통로이기도 하다. 그리고 제주도의 하천은 건천이다. 그래서 비가 올 때와 오지 않을 때의 기능과 역할이 다르며, 하천의 풍경도 육지부의 하천풍경과는 구별되는 색다른 분위기를 느낄 수 있다.

세계 각국의 주요도시의 대부분에는 하천을 포함하고 있다. 이들 하천은 식수와 공업용수 등 도시발전에 중요한 기능을 갖고 있을 뿐만 아니라 도시민에게 휴식을 제공하는 공간이기도 하며 특히 아름답고 여유 있는 도시경관을 창출해내는 중요한 기능을 가지며 관광자원으로 활용되기도 한다.

하천개발은 토목분야 뿐만 아니라 도시건축의 큰 맥락에서 종합적으로 다루어져야 함을 강조하는 점도 이와 같은 이유 때문이며 또한 제주특별자치도 경관관리계획에도 경관차원의 하천관리의 필요성도 언급되어 있다. 대부분의 사람들은 하천관리를 토목영역으로 인식하는 경향이 짙지만 하천관리는 기본적으로 경관관리차원에서 체계적으로 접근할 필요성이 있다. 경관이란 무엇인가? 경관이 추구하는 궁극적인 목적은 쾌적하고 안전하면서도 시각적 아름다움을 공유할 수 있는 장소를 유지하는 것에 있다. 과거와 같은 파헤쳐 넓히고 덮고 메우는 토목중심의 하천정비수법이 우리에게 어떠한 피해를 주는 것인지 2007년 태풍 나리를 통해 체험한 바 있다. 이것이 자연의 이치인 것이다.

하천관리는 토목분야의 영역인가? 이제는 제주특별자치도 경관관리의 큰 틀 속에서 중산간 관리계획과 함께 도시민을 위한 혹은 농민을 위한 생활공간의 축(軸)으로서 하천을 되돌려 줄 수 있는 지역별 하천정비가 필요하다고 생각된다. 우리들이 살아온 삶의 공간적 축척이 도시의 문화와 경관을 구축하여 왔듯이 하천 역시 제주의 독특함을 보여주는 중요한 문화와 경관을 형성하기 때문이다.

7. 보행숲Greenway 조성의 구체적 실천방안
: -제주시 3대 하천 활용을 중심으로-

7-1. 대상지 선정

그럼 앞서 제시한 보행숲Greenway 조성 원칙에 근거하여 구체적으로 어떻게 적용할 것인가 구체적인 방안을 모색해 보기로 한다. 이를 위해 3대 하천이 지나는 지역을 중심으로 보행숲Greenway 조성 시 파급효과를 높일 수 있는 공원과 학교의 분포현황(그림 78, 그림 79 참조)에 근거하여 적절한 보행숲Greenway 조성지를 선정하였다.

앞서 보행숲Greenway 조성 원칙에서 언급하였듯이 도시계획과 연계성

그림 78. 3대 하천 주변지역의 공원분포 현황

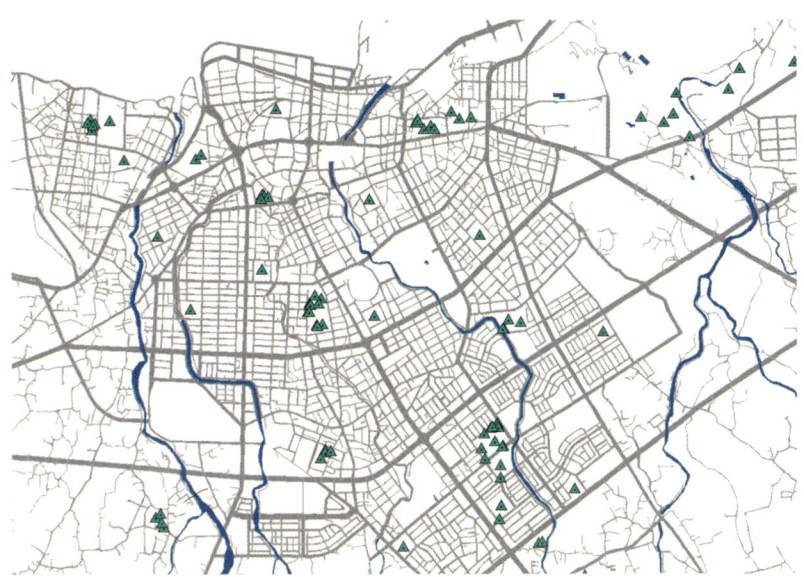
그림 79. 3대 한천 주변지역의 학교분포 현황(주: 지번이 학교소유로 된 부지)

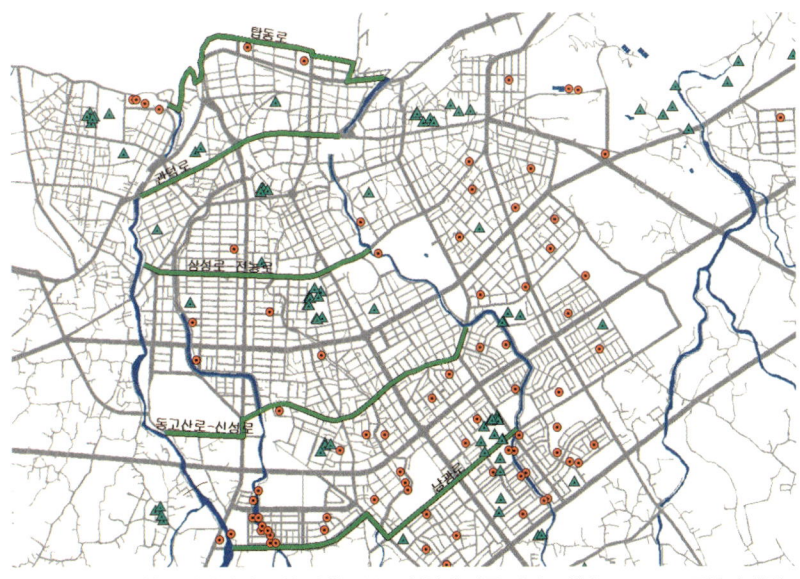
그림 80. 3대 하천 주변지역의 공원 및 학교분포 현황에 따른 적정 보행숲Greenway 조성지 선정

을 높이기 위해 원도심권역과 원도심 외곽권역으로 구분으로 하여 적절히 분포하도록 선정하였다. 검토결과 총 4개 지역, 탑동로, 관덕로, 삼성로, 동고산로, 신성로, 남광로를 선정하였다(그림 80).

보행숲Greenway 조성을 위한 주요도로의 장소적 특징을 정리하면 다음과 같다.

　- 탑동로: 워터프론트
　- 관덕로: 역사(제주목관아), 도시재생(관덕정 광장 복원 등)
　- 삼성로: 벚꽃, 삼성혈, 신산공원
　- 동고산로-신성로: 주거공간, 상업공간(대학로)
　- 남광로: 신흥주거지

7-2. 영향권분석으로 본 점(点), 선(線)적 요소 연계가능성

앞서 설정한 보행숲Greenway 조성에 있어서 하천을 연결하고 도시생활권 내 학교와 공원과도 연결시킬 도로는 보행숲Greenway 조성에 있어서 중요한 기능을 갖고 있음을 이미 언급하였다. 보행숲Greenway으로 조성될 도로와 연계되는 점(点)적인 요소들이 도로와 적절하게 연계될 수 있는 장소에 위치하고 있는지를 분석하였다.

이를 위해서 영향권 분석을 실시한 결과, 5개의 도로에 따라 학교와 공원의 근접 조건이 각각 다른 것으로 나타났다(그림 81). 일부 도로의 경우 공원과의 연계가능성이 높은 근접도를 보이기도 하지만 원도심지역을 지나는 관덕로는 학교와의 연계 가능성이 높은 조건인 것으로 나타나 보

그림 81. 영향권 분석을 통한 점적인 요소와 선적인 요소의 연계 가능성

행숲Greenway 조성 시 도로의 성격과 자원분포 등 여러 가지 여건을 고려하여 조성계획을 수립하는 것이 바람직할 것으로 생각된다.

7-3. 문제점 도출을 위한 지역조사: 점, 선, 면적 요소(1단계 조사)

(1) 선(線)적 요소3(하천)의 기초 조사

1) 산지천 장소적 특징과 문제점

도시 내를 가로지는 3대 하천 중 대표적인 하천 선정을 위해 산지천을 중심으로 기초 조사를 실시하였다(표 27).

보행환경 여건을 중심으로 현장조사를 실시한 결과 다음과 같은 문제점을 도출할 수 있었다.

첫째, 기 조성된 보행로는 있으나 하천변을 따라 이동하는 과정에서 도

표 27. 산지천의 장소적 특징

로 혹은 건축물로 인해 차단되어 보행환경에 크게 장애가 되고 있다.

둘째, 도로로 인해 차단된 보행로 중 대부분은 횡단보도가 설치되어 있지 않아 상당거리를 이동한 후 우회하여 연결되는 보행에 큰 장애요소가 되고 있다.

셋째, 일부 보행로의 경우 가로수 등 녹지환경이 잘 조성되어 있어 쾌적한 보행환경임에도 불구하고 차량중심으로 도로가 설계되어 인도가 상대적으로 협소하여 보행에 불편을 겪는 경우가 많았다.

넷째, 일부 구간은 보도가 조성되어 있지 않아 안전한 보행로 확보가 필요하였다.

다섯째, 기 조성된 보행로 주변의 자원들과의 연계가 되어 있지 않았다.

2) 산지천의 역사[14]

산지천은 제주시 관음사 입구 북쪽(삼의양 오름과 서삼오름 사이 해발 720m)에서 발원하여 제주항 입구 용진교까지 약 13km에 이른다. 또한 동서길이는 약 1.7km이다.

과거 주변으로는 용출량이 풍부한 금산물, 산지물, 금천, 간드락물, 가락물, 구명물, 감악색, 서당물 등 많은 물이 합류하였으나 현재는 물이 마르거나 지류가 바뀌었다.

예로부터 제주시는 제주도의 수부(首府)로서 역할을 수행해 왔다.

그 중심에는 목관아가 있었고, 이는 산지천이 있어 가능한 일이였다.

산지천은 주민들이 충분히 마시고 쓸만한 수량이 풍부한 하천이었고,

---

14) 홍정순, "산지천 역사 문화 환경"에서 인용

건천이 대부분인 제주의 몇 안 되는 물이 흐르는 하천이었다.

《태종 실록》에 의하면 태종 11년(1411년) 정월에 제주성 수축(修築)을 명하였고, "세종실록지리지"에 의하면 성 둘레는 910보(步)라 하였다. 왜적의 칩입과 같은 유사시 생명수를 성 밖에 두는 것은 전략상 매우 위험한 일이었다. 그래서 곽흘(郭屹) 목사에 의하여 성은 가락천 동쪽 언덕으로까지 확장되었고, 동, 서, 남문이 갖추어 졌으며, 동쪽의 산지천에 남, 북으로 수구문을 설치하고 동성위에는 장대(將臺)인 운주당(運籌堂)을 세웠다고 한다. 1953년 제주시에서 착수한 금산 수원개발은 4년 후인 1957년 수돗물공급을 시작하였으며, 1959년부터는 간이 상수도 시설을 위한 수원조사가 착수되었고, 제1수원지(산천단 용춘수), 제2수원지(열안지 수원지) 및 외도 수원지 공사가 1965년까지 계속 사업으로 이어졌다.

상수도의 공급은 기존의 물을 공급하여 주었던 산지천의 역할을 크게 변화시켰다.

산지천의 역할을 상수도가 대신하게 된 것이다. 1960년대부터 제주시는 급격한 인구 증가와 도시화가 진행되기 시작하였다. 산지천의 본래의 가치가 사라지면서 산지천에 복개공사가 이루어지고 주상복합건물이 들어서게 된다.

그 후부터는 오염수가 과도하게 방출이 됨으로서 산지천은 급속하게 생명수로서의 기능을 상실함은 물론 제주인의 공동체의 자존, 그리고 커뮤니티 장소로서의 기능도 완전히 상실하게 되어버린다.

시간이 흘러 1995년 복개 구조물 안전진단 결과 안전상 문제로 철거가 결정되었고 시민 대다수가 하천의 옛 모습 복원을 통하여 산지천의 문화역사를 되살리고자 하는 염원에 의하여 2002년 6월에 복개되었던 구조물을 헐고 물이 흐르는 산지천으로 복원하여 현재에 이르고 있다.

(2) 선(線)적 요소1(도로)의 기초 조사

1) 도로의 보행환경 평가항목

집합점(Node)과 점(点)적 요소와 연결되는 하천과 도로는 중요한 의미와 기능을 갖는다. 특히 도로는 하천과 연결되어 집합점을 구성하면서도 공원과 학교로 연결되는 기능을 갖기 때문에 더욱 중요하다고 할 수 있다.

선정된 5개의 도로(탑동로, 관덕로, 삼성로, 동고산로, 신성로, 남광로)는 동서로 관통되는 지역별로 각각 다른 기능성과 장소성을 갖고 있다.

5개 도로에 대하여 보행 공간적 특징을 평가하였다. 이들 평가자료를 근거로 최종적인 시뮬레이션대상지(하천 1개소와 도로 1개소)를 선정하여 분석하였다.

도로의 보행환경을 평가하기 위해 먼저 보행에 있어서 영향을 주는 요소로서 보행성, 안전성, 편리성 3개 항목을 중심으로 세부적인 평가항목을 구성하였다. 기본적으로 보행성은 주변시설과의 조화, 지형지세와의 조화 등의 항목으로 구성되어 있고, 안전성은 노폭, 보차분리 등 차량으로부터의 위험성을 피할 수 있는 여건을 포함하고 있다. 그리고 편리성은 집객공간으로서의 기능여부, 시설물의 연결, 접근의 용이성과 관련된 항목으로 구성되어 있다. 총 10개 항목으로 구성되어 있는 평가항목은 1점-5점으로 구분하여 각 항목별로 점수를 부여하여 주요 지점별로 보행환경을 평가하였다(표 28).

표 28. 도로의 보행환경에 대한 평가항목

1							
		평가지표	평가점수				
구분A	구분B		1	2	3	4	5
보행성	1.	주변 인공물과 조화, 주변시설과의 조화	상당히 나쁨	나쁨	보통	좋음	상당히 좋음
	2.	역사·문화·자연자원(올레길) 연계성					
	3.	주변 경관 및 지형지세와의 조화					
	4.	장소(공간)의 인지도					
안정성	5.	노폭의 적정성					
	6.	시각정보(광고, 싸인 등)의 적정성					
	7.	보차분리					
편리성	8.	집객공간의 유무(광장, 소마당 등)					
	9.	시설물간 연결성					
	10.	접근의 용이성(대중교통 및 도보)					

2) 도로의 보행환경 평가결과

3개 영역 10개 항목을 중심으로 5개 도로에 대하여 평가를 실시하였는데 평가 전농로를 예시로 제시하면 〈표 29~표 30, 그림 82〉와 같다.

3개영역 10개 평가항목에 근거하여 5개 도로에 대하여 평가한 결과, 동고산로-신성로가 27점으로 가장 낮고 삼성로-전농로, 관덕로가 34점으로 이들 지역에 대한 보행환경개선의 필요성이 높은 것으로 평가되었다(표 31).

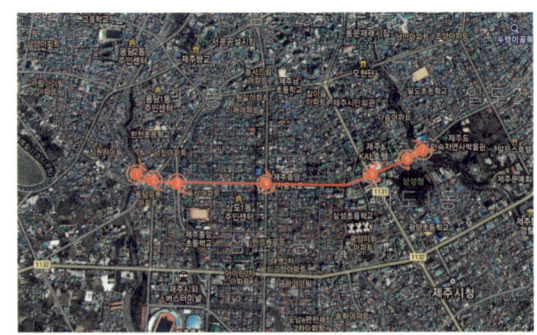

그림 82. 전농로 현장조사 지점

표 29. 도로의 보행환경에 대한 평가항목

1-1		
		골목길 특성상 보차분리가 되지 않음
1-2		
		천과의 관계가 전혀 없고 오히려 막힘

표 30. 도로의 보행환경에 대한 평가항목

1							
평가지표			평가점수				
구분A	구분B		1	2	3	4	5
보행성	1.	주변 인공물과 조화, 주변시설과의 조화		●			
	2.	역사·문화·자연자원(올레길) 연계성		●			
	3.	주변 경관 및 지형지세와의 조화			●		
	4.	장소(공간)의 인지도			●		
안정성	5.	노폭의 적정성		●			
	6.	시각정보(광고, 싸인 등)의 적정성				●	
	7.	보차분리		●			
편리성	8.	집객공간의 유무(광장, 소마당 등)		●			
	9.	시설물간 연결성			●		
	10.	접근의 용이성(대중교통 및 도보)		●			

표 31. 5개 도로에 대한 평가결과

	삼성로-전농로	관덕로	탑동로	동고산로-신성로	남광로
보행성(20)	16	14	16	10	17
안정성(15)	10	9	12	9	11
편리성(15)	8	11	10	8	8
합계	34	34	38	27	36

7-3 보행숲Greenway 조성을 위한 시뮬레이션 대상지 선정 (2단계 조사)

(1) 시뮬레이션 대상지 선정

시뮬레이션 적용의 주요대상 공간은 하천과 도로이기 때문에 각각 1곳을 선정하여 보행숲Greenway 조성의 가능성을 시뮬레이션하였다.

먼저 하천의 경우 산지천, 병문천, 한천 3개 하천 중 산지천은 정책사업을 통해 이미 다양한 개발논의가 이루어져 왔기 때문에 그에 대한 개선안들이 제시되어 왔다는 점에서 상대적으로 논의되지 않았던 한천과 병문천을 중심으로 검토하는 것이 적절하다.

병문천과 한천은 입지조건상 거의 유사한 조건을 갖고 있으나 병문천 하류부분에 상당부분 복개가 이루어져 보행숲Greenway 조성에 대한 논의나 여건이 불리하여 한천을 중심으로 논의하는 것이 적절하다고 생각된다.

도로의 경우 도로에 대한 평가 및 Buffering 영향권분석에 근거하여 종합적으로 고려할 때 동고산로-신성로와 관덕로는 길이가 길고 도로를 따라 인접해 있는 공원과 학교와의 연계조건 등을 고려하여 시뮬레이션을

하기에는 시간적으로 공간적으로 여의치 않아 삼성로-전농로를 분석대상지역으로 하여 보행숲Greenway 조성 가능성 여부를 검토하는 것이 적절할 것으로 생각된다.

이러한 판단기준에 따라 한천과 전농로, 2곳을 대상으로 점(点)적인 요소1과 2, 선(線)적인 요소1, 2, 3들 사이의 조합과 연계에 의한 보행숲 Greenway 조성방법을 검토하였다.

(2) 시뮬레이션 대상지의 특징

1) 한천

한천 수변을 따라 한라도서관에서 용연구름다리까지 답사한 결과 고도차가 비교적 심한 것으로 나타났으나 방선문으로 이어지는 기조싱 담방로는 잘 정비되어 보행에는 큰 지장은 없는 것으로 생각된다(그림 83, 그림 84).

한천 주변은 주택과 주택외 건축물들이 많이 분포하고 있는 것으로 나타났다(그림 85). 동신교 남쪽지역은 밀도가 낮은 편이지만 동신교 북쪽지역의 원도심으로 근접할수록 건축물의 밀도가 높다. 이는 동신교 윗부분의 지역이 상대적으로 자연녹지공간이 조성되어 있어 여건이 양호하

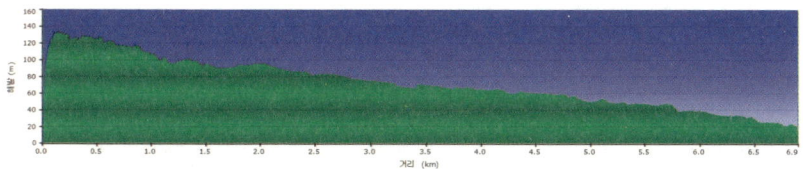

그림 83. 한천 수변공간의 고도

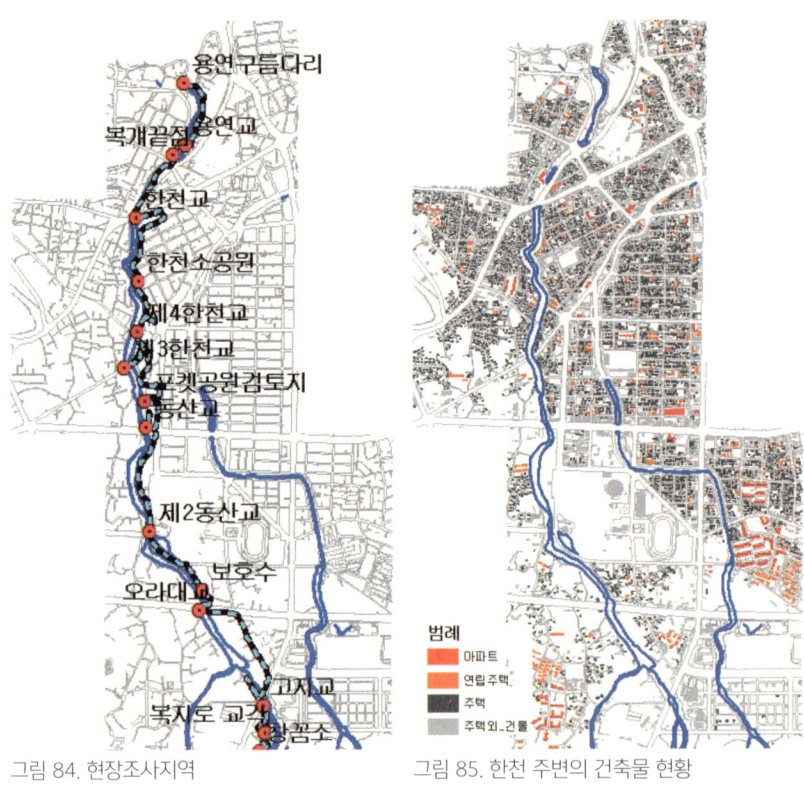

그림 84. 현장조사지역   그림 85. 한천 주변의 건축물 현황

다는 것을 의미하며 약간의 보행환경을 개선함으로서 효율적인 보행숲 Greenway 조성이 가능하다는 것을 의미한다. 상대적으로 동신교 북쪽지역으로는 보행숲Greenway 조성에 여러 가지 제약조건이 많다는 것을 의미한다. 제약조건이라 함은 보행로가 전혀 조성되어 있지 않거나 한천 수변을 따라 연속적인 보행로가 아니라 중간지점에 끊겨 있어 상당부분 우회하여 안전성이 확보되지 않는 경우가 대부분이다.

이러한 문제를 개선하기 위해 보행노선을 직선으로 변경, 조성하여 보행성, 안전성, 편리성을 확보한 보행중심의 보행숲Greenway을 조성할 필

그림 86. 한천 주변도로의 가로녹지조성 현황

요가 있다.

특히 한천 주변도로의 가로녹지 현황을 분석한 결과, 비교적 녹지 조성이 양호한 것으로 나타나 여건이 양호한 가로와 연계될 수 있도록 보행노선 변경 시 면밀한 검토가 필요하다고 생각된다(그림 86, 그림 87, 그림 88 참조).

2) 전농로

남성로와 전농로가 교차하는 지점에서 산성로에 포함되는 삼싱열까지의 전농로 지역을 답사한 결과 장소에 따라 고도차이가 있으나 보행에는 큰 불편함을 느낄 수 없을

그림 87. 한천 수변공간을 따라 기조성된 탐방로

그림 88. 한천 수변공간으로부터 격리되어 있고 보행로도 확보되지 않은 모습

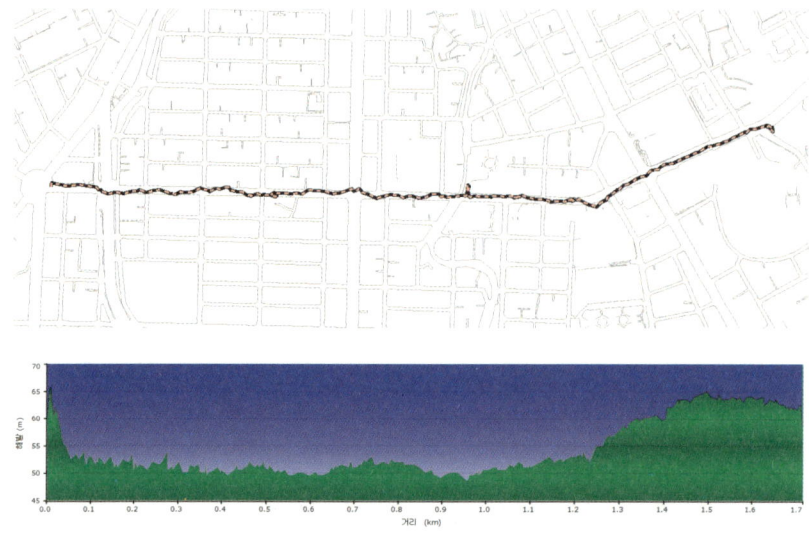

그림 89. 현장조사지역(위) 및 고도(아래)

정도의 고도차이여서 보행숲Greenway 조성에 있어서도 큰 장애요소로 작용하지는 않을 것으로 생각된다(그림 89).

전농로 주변은 넓은 지역에 걸쳐 단독주택이 밀집되어 있는 주거공간을 형성하고 있고 주요 간선도로를 따라 주택 이외의 건물로 구성되어 있다. 그리고 블록 사이사이에 연립주택이 건축되어 있고 아파트도 건축되어 있어 주변지역이 점차 고층화되어 가는 경향이 있어서 장기적으로는 생활경관이 크게 변할 가능성이 높을 것으로 생각된다(그림 90).

전반적으로 전농로는 비교적 녹지공간이 풍부한 보행환경을 갖고 있으나 보행성과 안전성, 편의성 등을 고려할 때 개선의 여지가 많다고 생각된다(그림 91). 남성로와 전농로가 교차하는 지점(A지점, 그림 92, 그림 93 참조)은 교차점(Node)이지만 한천으로의 접근이 차단되어 있고 녹지

그림 90. 전농로 가로주변의 건축물 현황

그림 91. 전농로 집중조사지역

제Ⅲ부 제주도시 내 보행숲 조성하기 149

그림 92. A지점의 모습

그림 93. A지점 모습

그림 94. B지점 모습

그림 95. C지점 모습

그림 96. D지점 모습

공간이 단절되어 있을뿐만 아니라 보행환경에 있어서도 여건이 좋지 않은 것으로 나타났다. 또한, B지점의 경우(그림 94) 잘 정비된 가로수, 인도의 바닥재정비 등으로 보행환경이 양호하지만 이외의 지역(C지점, 그림 95 참조) 등에서는 인도의 보행환경개선과 인접한 학교의 보행로와의 연계 등 개선 필요성이 있는 것으로 생각된다. 아울러 B지점과 D지점(그림 96 참조)은 전농로에 인접하여 양호한 녹지공간을 확보하고 있어서

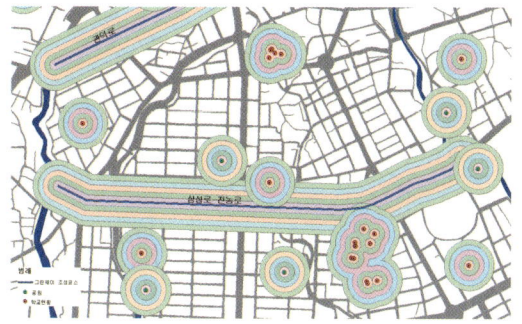

그림 97. Buffering 영향권분석으로 본 전농로 주변의 공원, 학교와의 연계 활용 및 연결로 확보가능성

이를 매개로 하여 학교와의 연결로를 확보하여 보행숲Greenway의 완성도를 높일 필요성이 있다.

특히 전농로의 경우 인도로부터 100m 이내 거리에 학교와 공원이 근접해 있고 이면도로를 적극적으로 활용할 경우 보행환경개선의 효과가 커질 것으로 예상되어 보행숲Greenway 조성의 가능성이 높은 지역이다 (그림 97).

7-4. 대상지 영역별 보행숲Greenway 조성 시뮬레이션

(1) 1단계 및 2단계 분석정리 종합

궁극적으로 1단계 조사를 통한 문제점 도출과 접근원칙과 방향설정, 그리고 한천과 전농로, 2개 지역을 중심으로 한 2단계 조사를 통해 접근원칙과 방향의 적용 가능성, 응용 가능성을 검토한 결과 일부 차량통제 등의 선해결 문제는 있으나 최소한의 정비를 통해서 한라산-중산간-바다로 이어지는 제주도 특유의 하천 고유 기능을 유지하면서도 도시 정주인들에게 보다 밀착된 생활공간으로서의 도시탐방로의 제공이 가능하다고 생각된다. 아울러 도로의 경우 일부 구간에 있어서 차량통행량이 많아 인도 폭의 확대, 인도 및 도로에서의 녹지공간 확보를 통한 보차분리, 소규모 공원설치, 가로수 식재의 확대, 볼라드의 설치 등 새로운 건축적 장치를 신설하기 어려움이 있으나 차량통행을 억제하면서 안전하고 쾌적한 도시 내 보행환경을 확보가 가능할 것이다. 특히 도로의 보행숲Greenway 조성은 도로에 근접한 학교와 공원 활성화에도 초점을 두고 있기 때문에 지역주민들에게 파급효과가 클 것으로 기대된다.

(2) 한천 및 전농로의 보행숲Greenway 조성방안

1) 한천에서의 보행숲Greenway 조성방안

가) 기본접근방안
2단계 현장조사를 통해 파악된 한천의 생태적 특징은 한천 상류에서부터 동산교까지는 비교적 녹지환경 및 보행환경 조성이 양호한 편이지만 종합운동장을 지난 지점부터 용연교까지는 도시화가 상당히 진행되어 녹지환경뿐만 아니라 보행환경도 상당히 열악한 것으로 파악되었다(그림 98).

향후 본격적인 보행숲Greenway 조성사업이 진행될 경우 양호한 가로와 연계될 수 있도록 보행노선 변경 등 면밀한 검토가 필요할 것으로 생각

그림 98. 한천지역의 녹지공간 및 대표적인보행환경 현황

된다.

이러한 문제인식 및 보행숲Greenway 원칙적용에 근거한 개선방안을 정리하면 다음과 같으며 개선방안에 대한 구체적인 적용장소는 〈그림 99〉과 같다.

- 한천에 접해 있으나 막다른 골목으로 차폐된 공간은 포켓공원으로 조성하여 지역주민들의 휴식공간 및 보행환경의 쾌적성, 편리성을 확보

제Ⅲ부 제주도시 내 보행숲 조성하기 153

한다.

- 연속성 확보를 위해 1) 횡단보도를 신설하고 2) 운전자에게 주의를 주기 위해 도로의 바닥포장을 변경하며 3) 인도 부분은 보행안전성을 확보하고 4) 필요시 횡단보도에 인접하여 벤치와 식재공간을 확보하여 소공원을 설치하여 보행환경의 편리성을 확보한다.
- 한천교와 용연교 사이에 설치된 한천 복개구조물을 철거하여 차량과 보행혼용으로 하되 보행환경중심으로 조성하여 가로수 정비 등을 통해 용연구름다리로 이어지는 녹지공간과 연결되도록 한다.
- 한천교 및 제3한천교 인근은 한천 수변공간으로의 접근이 어려워 우

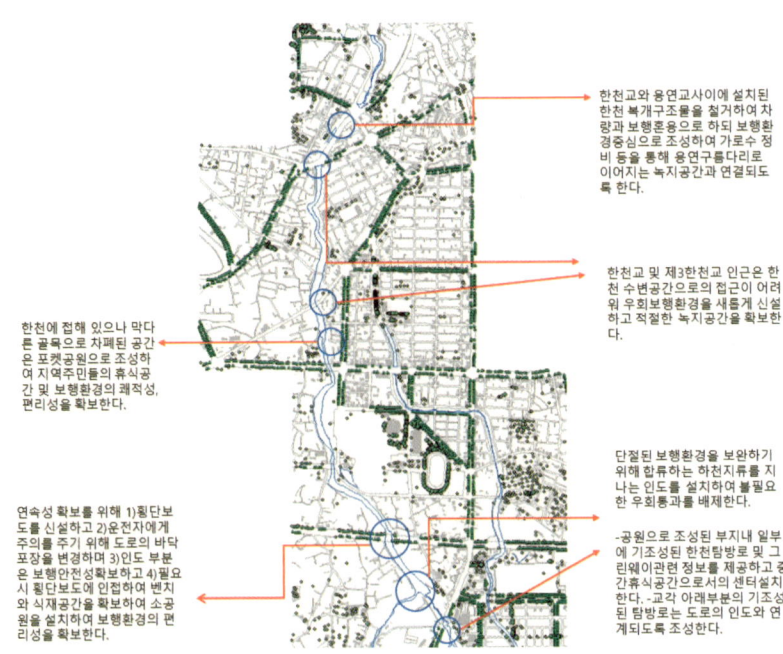

그림 99. 한천 지역의 보행숲Greenway 조성방안

회보행환경을 새롭게 신설하고 적절한 녹지공간을 확보하고 단절된 보행환경을 보완하기 위해 합류하는 하천지류를 지나는 인도를 설치하여 불필요한 우회통과를 배제한다.

- 공원으로 조성된 부지 내 일부에 기조성된 한천탐방로 및 보행숲 Greenway 관련 정보를 제공하고 중간휴식공간으로서의 센터를 설치하고 교각 아래부분의 기조성된 탐방로는 도로의 인도와 연계되도록 조성한다.

나) 구체적인 적용방안

구체적인 방안을 제시하기 위해 주요간선도로에서 한천으로 접근하기 용이한 지점인 교차점을 중심으로 접근가능성을 시뮬레이션하였다.

장소는 한라도서관에 인접한 교차로로 한천과 연북로가 교차되는 지점

그림 100. 한라도서관에 인접한 교차로로 한천과 연북로가 교차되는 지점(제주시 오라2동 1567-2, 1569-1)의 현황(위쪽 원표시가 정류장 위치)

(제주시 오라2동 1567-2, 1569-1)으로, 정류장에서 하천으로 진입하는 방안과 코너의 공간을 인지성이 높은 장소로 변화시키는 방안을 제시했다.

먼저 정류장에서 한천으로 지형적인 고저차를 이용하여 자연스러운 보행공간을 조성하고 도로에서 한천으로의 진입부에 자연 재료를 이용한 심플한 상징물을 설치하여 장소의 인지성을 높이도록 한다(그림 100).

그리고 교차점 코너의 공간을 인지성이 높은 장소로 변화시키기 위해 일부 수목을 밀집식재하고 오름형상으로 지형적 포인트를 만드는 방안

그림 101. 한라도서관에 인접한 교차로로 한천과 연북로가 교차되는 코너 지점(제주시 오라2동 1567-2, 1569-1)의 현황(위쪽 원표시가 공원 조성위치)

그림 102. 교차로 코너에 밀집식재하고 오름형상으로 지형적 포인트를 줌으로서 장소의 인지성을 높이는 방안

이 적절할 것으로 생각된다(그림 101, 그림 102 참조).

2) 전농로에서의 보행숲Greenway 조성방안

가) 기본접근방안

전농로는 서쪽으로는 한천과 연계되고 동쪽으로는 산지천과 연계되면서도 중간지점에 공원과 학교, 삼성혈 등 자원활용 가능성이 높아 보행숲Greenway에서 제시한 점(点), 선(線)적 요소들 적절히 결합, 조합함으로서 주변공간을 면(面)적인 형태로 확산시킬 수 있을 것으로 기대된다. 그러나 현장조사를 통해 알 수 있듯이 비교적 평탄하고 녹지공간이 잘 조성되어 있는 도로이지만 상대적으로 보행환경이 좋지 않고 녹지공간과의 연계도 전혀 이루어지지 않은 상태여서 개선의 여지가 많은 도로이다.

이러한 문제인식 및 보행숲Greenway 원칙적용에 근거한 개선방안을 정리하면 다음과 같으며 개선방안에 대한 구체적인 적용장소는 〈그림 103〉과 같다.

- 학생들의 안전하고 편리한 보행환경 조성을 위해 전농로에서 학교 주 진입구 혹은 후문까지의 길을 녹지공간으로 조성된 보행자중심도로로 조성한다.
- 가로수가 없어 단절된 녹지공간을 식재 혹은 건축물 녹화 등으로 녹지공간을 이어준다.
- 로터리 형식의 도로로 인한 보행환경을 개선하기 위해 보차분리 기능을 강화하고 로터리 주변의 인도에 접한 건축물 외부에 비가림시설의 설치, 영구적인 보행의 안전성 확보를 위한 일정구간 내 지하보도 설치

그림 103. 전농로 지역의 보행숲Greenway 조성방안

를 통해 한천으로의 녹지공간를 이어준다.

- 학생들의 안전하고 편리한 보행환경 조성을 위해 전농로에서 학교진입구까지의 길을 녹지공간으로 조성된 보행자중심도로를 조성한다.

- 남북으로 관통하는 도로로 인한 녹지공간의 단절, 보행환경의 훼손을 보완하기 위해 차량통행에 지장을 주지 않은 범위 내에서 식재를 하고 교차점의 바닥포장재로 식별하기 좋게 하여 운전자에게 주의를 주도록 볼라드를 설치한다.

나) 구체적인 접근방안

기본적으로 본 장에서 제시하고 있는 보행숲Greenway 조성의 기본적인 구성요소는 점적·선적 요소로 구성된다. 점적인 요소로서는 하천과 보행숲Greenway의 교차점(Node)과 보행숲Greenway 주변에 산재해 있는 소공원, 학교, 문화공공시설 등의 시설(Facility)을 주요 구성요소로 설정했다. 선적 요소로서는 노드와 노드를 연결하는 주요도로를 패스(Path), 주요 도로와 시설을 연계하는 앨리(Alley)로서 구성된다(그림 104, 그림 105 참조).

즉, 보행숲Greenway 네트워크는 하천과의 교차점을 연결하는 도로의 선적인 영역에서 주변 주요시설까지 포함하는 면적인 영역으로 확대하여 궁극적으로 제주시 전역을 네트워킹하는 효과를 도모할 수 있다.

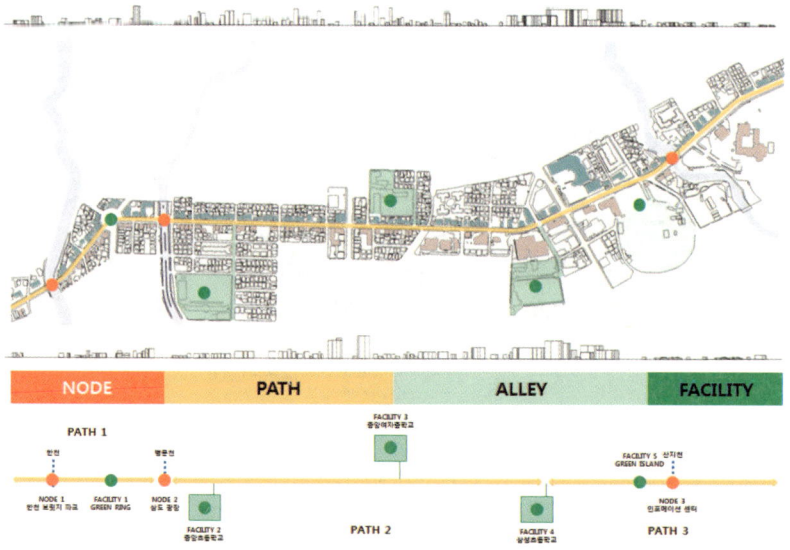

그림 104. 점(点),선(線)이 적용된 전농로 보행숲Greenway 조성 위치와 적용형태

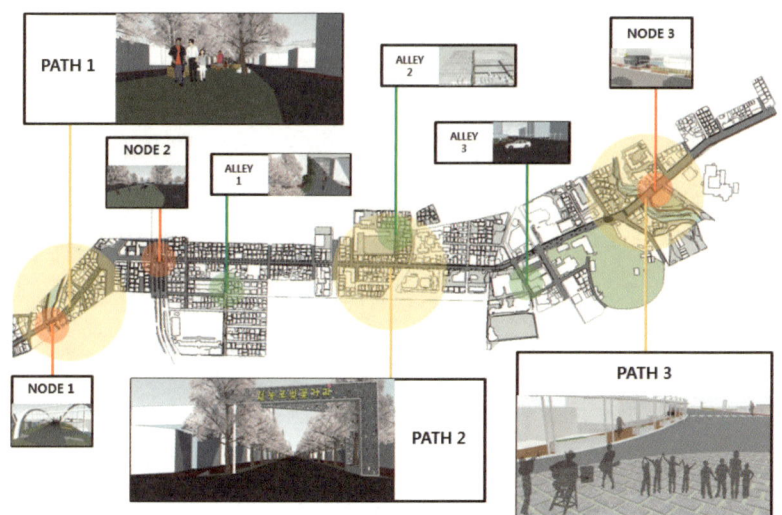

그림 105. 점(点), 선(線)이 적용된 전농로 보행숲Greenway 조성의 이미지

적용 요소별 조성방안에 대하여 정리하면 다음과 같다.

■ 교차점(Node)

전농·삼성로 보행숲Greenway에는 3대 하천과 만나는 3개소의 노드를 제안하였다. 노드의 가장 주요한 기능은 하천과 보행숲Greenway을 연계하는 것이다.

 - 교차점1은 한천과의 교차점인데 한천변 보행숲Greenway와 수평적으로 연계가 가능한 현장상황이다. 계획의 전략은 노드로서의 인지성과 장소성을 강화하는 수법이 요구되었다. 한천교의 물리적인 폭으로서는 장소 만들기가 용이하지 않아 현수형식의 구조방식으로 다리의 폭을 넓히고, 마감재도 차량의 속도를 저감토록 하여 보행숲Greenway의 출발점 및

한천의 전망데크와 같은 프로그램을 부여하였다(그림 106).

그림 106. 한천 브릿지 파크를 설치하여 입체연결하는 형식으로 한천과 남성로를 슬로프를 통해 입체적으로 이어주면서 한천의 조망공간 형성하는 기능을 갖는다

- 교차점2는 병문천과의 교차점인데 이 구간의 병문천은 이미 복개되어 하천으로서의 풍경은 상실되었으나 소형의 커뮤니티 광장을 제안하여 지역주민의 쉼터, 행사 등의 기능을 부여했다 공간을 만드는 방식은 레벨차를 이용하였고 교통은 로타리 방식으로 처리하였다(그림 107).
- 교차점3은 산지천과의 교차점이다. 산지천은 계곡이 깊어 교량하부

그림 107. 삼도 광장을 조성하여 평면연결하는 형식으로 남성로와 전농로, 전농로와 병문천을 연결시켜 주는 삼도 광장은, 생태축과 도로가 교차되는 부분으로 보행숲Greenway의 연결고리로써 시민 축제의 장의 기능을 갖는다

그림 108. 인포메이션 센터을 설치하고 산지천과 삼성로를 언더패스를 통해 입체적으로 연결하는 기능을 갖는다

를 산지천 보행숲Greenway을 연결하는 입체적 수법을 적용할 수 있다. 교량의 구조는 현행대로 유지하고 인근의 부지를 매입하여 보행숲Greenway 인포메이션센터와 산지천 전망데크를 제안하였다(그림 108).

■ 도로(Path)

전농·삼성로 보행숲Greenway의 패스는 교차점1과 교차점2 사이의 도로1과 교차점2와 KT사옥까지 전농로의 성격이 분명한 도로2 그리고 KT사옥에서 교차점3까지 도로3으로 구분하였다.

- 도로1은 교차점1인 한천 브릿지 파크에서 교차점2 삼도광장까지 잇는 보행숲Greenway로서 현황은 보행숲Greenway의 성격이 가장 열악하다. 적용된 수법은 기존 보행 인도폭을 줄여 도로 중앙에 그린존을 형성하고 수목 및 쉼터 등의 가로공원으로 보행숲Greenway의 성격을 강화하였다(그림 109). 또한, 오거리의 교통혼잡구간은 그린링을 설치하여 보행 안정성을 보강하는 방식을 적용했다(그림 110).

그림 109. 한천3교 ~ 전농로 입구에 조성되며 보행숲Greenway 형성(신규), 도로 중앙의 그린존의 기능을 갖는다

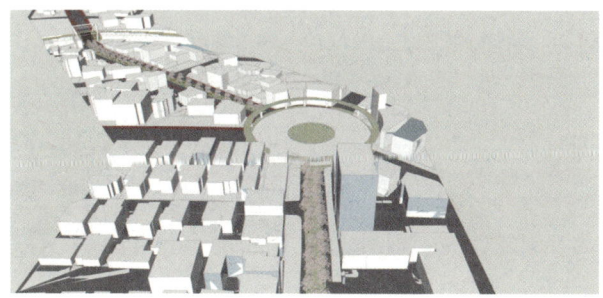

그림 110. 한천3교 ~ 전농로 입구에 조성되며 보행숲Greenway 형성(신규), 도로 중앙의 그린존은 교차로의 그린링은 남성로와 전농로를 이어주는 PATH의 연결고리 역할을 한다

 - 도로2는 기존의 전농로 구간으로 여러 사업들에 의해 보행숲Greenway의 성격이 이미 조성되어 있다. 오히려 너무 많은 요소들로 말미암아 혼돈스럽기까지 하다. 계획방식은 기존의 벚꽃거리의 이미지를 더욱 존중하고 시설물 정비정도로서 계획범위를 한정했다(그림 111, 그림 112).
 - 도로3은 KT사옥에서 산지교까지인데 역시 수목이 없고 보행숲Greenway의 성격이 미비하다. 계획의 전략은 부분적으로 포켓그린존과 플랜트

그림 111. 전농로 입구 ~ KT 사옥 구간은 기존 전농로 활용하여 보행공간의 기능을 강화한다

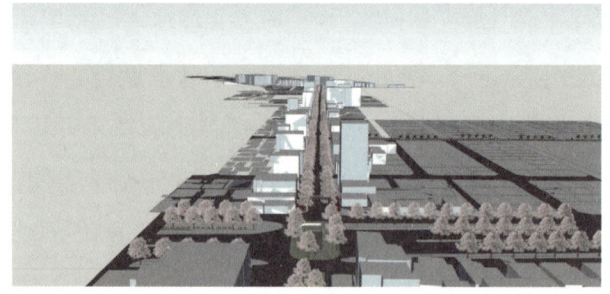

그림 112. 전농로 입구 ~ KT 사옥 구간은 기존 전농로 활용하여 기능 강화하는데 초점을 두었다. 기본적으로 잔디광장은 남성로와 전농로를 연결하면서 기존 전농로의 보행자 도로의 역할을 더욱 강화하는 기능을 갖는다

박스, 벤치, 가로등, 정보디스플레이 판넬 등을 포함한 인텔리전트 폴리로서 보행숲Greenway을 구성하는 방식을 제안하였다(그림 113). 또한 삼성혈과 병풍문화거리를 잇는 교차점에는 그린아일랜드를 시설하여 차량속도 저감, 보행안정성 확보를 유도하였다(그림 114).

그림 113. KT 사옥 ~ 산지천 → 보행숲Greenway 형성(가로수 및 표면녹화, 가로 보강)

그림 114. KT 사옥 ~ 산지천 → 보행숲Greenway 형성(가로수 및 표면녹화, 가로 보강)한 것으로 그린 아일랜드는 삼성혈과 삼성로, 명품문화거리를 잇는 축의 기능을 갖는다

■ 시설(Facility)과 골목길(Alley)

보행숲Greenway의 영역을 강화하는 시설로는 학교, 소공원 그리고 지역의 커뮤니티 시설 등이 있다. 전농·삼성로 인근의 시설로는 중앙초등학교, 중앙여자중학교, 삼성초등학교 등을 선정하였다.

- 골목길1은 보행숲Greenway와 중앙초등학교를 연결한다. 계획수법은 포켓 그린존과 바닥포장재를 개선하여 차량속도를 줄이고 보차혼용도로

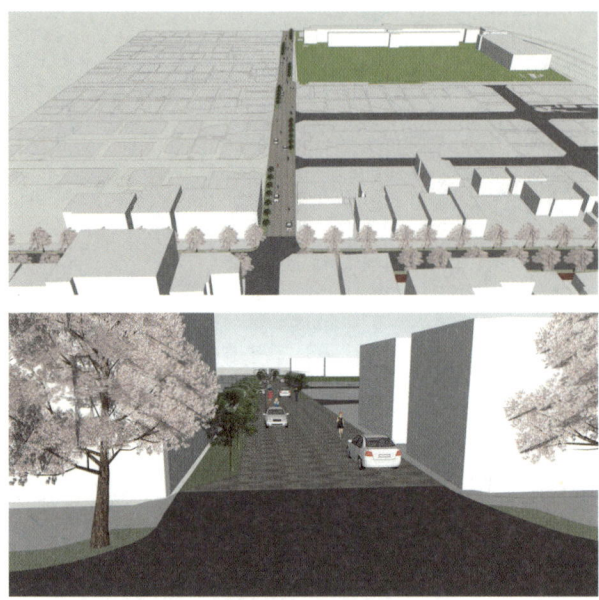

그림 115. 전농로 ~ 중앙초등학교 구간을 슬래롬으로 조성하는 것으로 바닥패턴과 가로수를 통해 차속을 감소시켜 보행안전성 확보하는 기능을 갖는다(위: 전체이미지, 아래: 진입구 개선이미지)

로서 기능을 강화하였다(그림 115).

그리고 골목길의 기능을 보완하기 위한 추가적인 방안으로 가로변 건축물의 입면을 녹화하는 방안도 병행하게 된다면 그 효과가 더욱 클 것으로 생각된다(그림 116). 제주시에서는 2015년까지 옥상녹화의 보급확산을 위해 보조금을 지원했었는데[15] 입면녹화사업에 대해서도 보조금을 지원할 수 있도록 「녹색건출물 조성지원조례」 개정을 통해 근거를 마련하여 가로변의 그린공간을 확산시킬 수 있도록 해야 할 것이다.

---

15) 2016년부터는 지방재정법 개정으로 법령에 근거없는 사업은 지원할 수 없도록 됨에 따라 사업이 중단되었다.

그림 116. 입면녹화사례

그림 117. 전농로 ~ 중앙여자중학교 구간에 대해 선형을 개선하는 방안으로 경사지의 잔디블럭을 이용하여 보행환경의 편리성과 안전성 제고한다

그림 118. 전농로 ~ 삼성초등학교 구간의 폴리를 보강하는 방안으로 폴리를 이용하여 보행환경 개선 및 우수방지효과를 갖게 한다

- 골목길2는 보행숲Greenway와 중앙여자중학교를 연결하는 길로 도로폭이 좁고 차량통행이 많지 않다. 수법은 도로의 선형을 조정하고 잔디블럭을 적용하여 시설과 보행숲Greenway의 접속지수를 높이는 계획이다(그림 117).

- 골목길3는 보행숲Greenway와 삼성 초등학교를 연계하는 길로서 차량통행이 빈번한 반면 인도가 설치되어 있지 않다. 도로폭이 부족하여 그린존을 구성하기가 용이하지 않으므로 폴리에 의해 보행안정성을 확보하는 방법으로 사용한다. 등·하교 시 어린이들에게 차량의 위험으로부터 보호할 수 있고 우천 시도 보행의 편리성을 제공한다(그림 118).

7-5. 맺으며

(1) 가치와 의미

도시계획의 새로운 변화 속에서 보행숲Greenway가 갖는 함축적 의미와 필요성을 중심으로 이론적 배경과 현장에서의 문제점을 도출하여 정리하였다. 특히 기초조사와 현장조사에서 알 수 있듯이 천혜의 자연환경을 갖고 있는 제주도이지만 실질적으로는 도시의 거주환경은 의외로 풍부하고 잘 조성된 녹지환경을 확보하지 못하고 있고, 자연환경 역시 효율적으로 관리하지 못하고 있음을 파악할 수 있었다.

특히 과거 과도한 개발은 지구환경의 훼손으로 이어졌고, 급격한 기후변화로 인해 자연환경과 생활환경은 너욱 위험 속에 노출되어 있는 현실이기도 하다.

보행숲Greenway은 단순히 녹지공간만을 확대하는 방식이 아니라 자연생태계를 연결하고 아울러 인간의 정주환경도 개선함으로써 공존할 수 있는 방안을 찾는 것에 핵심적인 가치를 두고 있다. 이는 과도한 개발로 열악한 제주 도심의 환경을 개선하는 데 가장 적절하고 가장 효율적인 도시공간 개선방안임을 시뮬레이션을 통해 알 수 있었다. 특히 비용적인 측면에 있어서도 과도한 개발이 아니라 필요한 부분, 필요한 장소에 집중적으로 녹지공간을 조성하거나 기존 녹지공간을 연결하고 보행환경을 개선하는 방안이기 때문에 현실성이 있는 것으로 생각된다. 하천정비, 도시공원 조성 등 현행 도시사업의 내용 일부에 연계하여 적용할 수도 있다.

(2) 보행숲Greenway 조성을 위한 후속조치

1) 보행숲Greenway 조성에 따른 지역마케팅 전략수립

세계화, 지방화, 정보화의 큰 흐름 속에 세계를 하나로 묶으면서도 지방의 특성을 활성화하기 위해서 문화를 매체로 하는 도시(지역) 마케팅이 중요하다고 할 수 있다. 도시(지역) 발전의 비전제시와 정체성 수립을 통한 도시(지역) 마케팅추진에 있어서 가장 핵심적인 것은 도시(지역)의 이미지를 계획적으로 형성하고 창출해내는 것이다.

제주의 이미지에 대해서는 다양하겠으나 토탈 이미지를 표현한다면 청정 자연의 이미지 혹은 전원적인 도시(지역), 농촌과 도시가 공존하는 도·농복합의 이국적 도시(지역)의 이미지일 것이다.

이와 같은 도시(지역)의 이미지를 창출해 내는 방법에는 크게 두 가지를 들 수 있다. 하나는 도시(지역)의 이미지를 강력하게 심어줄 있는 대표적인 이미지의 개념을 추출하여 다양한 매체를 통해 확산시켜 제주의 고유 브랜드화하는 것이고, 또 다른 하나는 제주의 부정적인 이미지를 찾아내어 긍정적인 이미지로 전환시키는 작업이다. 전자는 자주 언급되었던 제주적인 건축과 도시(지역), 지역 건축의 모색과정을 통해 얻을 수 있는 작업일 것이다. 후자의 경우, 도서(島嶼)라는 공간적 한계와 이로 인한 도시(지역) 기능의 낙후성과 후진성을 개선하는 작업일 것이다. 다행히 제주시의 경우 정보화를 키워드로 하여 정보화 도시(지역)의 추진을 통해 첨단도시의 이미지를 어느 정도 구축하고 있다. 문제는 이와 같은 일련의 작업이 개별적 사업으로 추진되고 있고, 사업의 성과도 제주국제자유도시 혹은 제주 고유의 브랜드로서 연결되지 못하고 있다는 점이다.

이제는 마케팅 시대이다. 마케팅은 물건을 팔기 위한 적극적인 홍보를 의미하는 것이다. 제주라는 브랜드를 더욱 고부가가치가 있는 상품으로 만들기 위해서는 체계적인 마케팅 전략의 수립이 필수적일 수밖에 없을 것이다. 이른바 도시(지역) 그 자체를 마케팅하는 것이다.

도시(지역) 마케팅이란 지방자치단체가 주체가 되어 자본, 여행객, 새로운 거주자 유치를 위해 도시(지역)공간을 홍보하고 판매하는 마케팅활동이며 도시(지역)경영의 수단이다.

따라서 도시(지역) 마케팅의 상품은 도시(지역)를 구성하는 다양한 공간과 장소들이며 시설물과 인적 서비스, 기타 유무형의 것들이 복합적으로 구성되며 국제자유도시가 주요 목적이자 목표가 되었기에 세계화, 지방화에 대응하는 도시(지역) 마케팅 전략이 필요할 것이다.

제주의 도시(지역) 마케팅 전략을 위해 다음 몇 가지를 제시하고사 한다.

첫째, 지역자원을 파악하고 이를 문화축제로 연계하여 도시(지역) 마케팅과 연계한다. 제주지역의 곳곳에 산재해 있는 다양한 문화적 요소를 개발하여 축제의 장으로 발전시켜 상품화시킨다. 대표적인 것이 들불 축제와 억새꽃 잔치이다. 이들 축제는 제주의 자연문화를 배경으로 하여 축제로 개발한 성공사례라고 할 수 있다.

둘째, 문화예술의 개념이 우선되어야 한다. 이제까지의 관광지구선정은 레저와 오락용 여가 관광공간으로 계획하여 하드웨어적 물량공급에 관심을 두어 왔다. 이제는 특정지역이나 장소가 지니는 생태적 문화적 고유성을 반영하여 도시(지역) 마케팅과 연계하여야 한다.

셋째, 주민과 행정기관의 강력한 협조체계 구축이다. 도시(지역) 마케팅 전략은 지역주민과 지방자치단체, 지역단체가 함께 미래를 꿈꾸며 비전을 공유하고 협의과정을 거쳐 새로운 도시(지역) 이미지를 형성해 나가야 한다

넷째, 지역에 내재되어 있는 역사와 문화적 가치를 갖는 장소와 건조물을 보존하고 활용하여 지역의 정체성을 확보한다. 이는 그 지역의 정체성을 갖는 것이며 그 지역에 살고 있는 주민들의 자긍심과 애착을 부여할뿐만 아니라 타 지역과의 차별을 갖게 하는 중요한 의미를 갖는 것이다.

(3) 지역재생과 연계한 실천구상
- 점(点)적인 개발에서 선(線)적 개발, 면(面)적 개발로의 전환 -

산지천의 중류부분에는 신산공원, 자연사박물관, 삼성혈과 같은 제주지역의 역사와 문화, 그리고 녹지공간이 형성되어 있다. 하류지역을 따라서는 남수각을 거쳐, 제주의 대표적인 상권이라고 할 수 있는 동문시장과 칠성통, 그리고 목관아, 관덕정이 있으며 동쪽 건입동에는 일제 강점기에 조성된 측후소와 일본인 거주관사가 있는 대표적인 역사문화공간이기도 하다. 이 지역에 이르러서야 비로소 복원된 산지천의 존재와 가치를 인식하게 된다.

산지천 끝자락에는 창고와 어시장 등이 남아 있어 번성하였던 산지포구의 모습을 반영하고 있다. 해안을 따라서는 매립지역으로 본래의 모습을 상실하기는 하였으나 여전히 많은 사람들이 찾는 탑동이 있고 탑동 서쪽 끝자락에는 한천, 병문천을 끼고 용연이 자리잡고 있다. 이 모든 것들

이 제주의 대표적인 관광자원이자 주요 경관의 요소이기도 하다.

그러나 이들 자원들은 단순히 점(点)적인 존재로 개발되어 있고 자원의 연속성이 결여되어 있을 뿐만 아니라 개발 역시 비문화적이고 비친환경적인 요소들이 많다.

따라서 제주시를 지나는 3대 한천, 병문천, 산지천을 재생하기 위해서는

첫째, 상업공간과의 복합화를 이룬 저층고밀도에 의한 주거공간 형성 및 쾌적성을 확보하는 것(지역주민의 복지증대)

둘째, 하천을 따라 주변에 산재해 있는 역사와 문화적 자원을 주거지역과 연계하고 자원 간의 연속성을 확보하는 것(에코뮤지엄의 실현과 체류공간, 체류시간의 연장)

셋째, 청정 제주의 이미지에 걸맞게 하천을 따라 녹지축을 형성하는 것(주민 및 관광객의 보행로 및 산책로 확보, 자원의 연속성 확보)

넷째, 정비된 하천이 친수공간으로서의 기능을 회복하기 위해 주변차로를 자동차 차선의 수와 폭을 줄이고 대신 보행자 중심으로 도로를 개선하는 것(안전성과 접근성 확보)

다섯째, 지역의 매력 포인트를 갖기 위한 핵심공간을 유치함으로써 집객력을 높일 것(핵심공간의 확보 및 재래시장과의 보완적 관계형성)

여섯째, 매년 반복적으로 유지 보수가 이루어지고 있는 탑동을 부분적으로나마 바다와 교감을 이룰 수 있도록 개선하는 것(경관개선)

일곱째, 지역에 남아 있는 창고 등의 건축물을 소규모 마을역사관과 카페 등으로 재활용하되 마을 개발 프로그램과 연계(역사문화의 가치)할 필요성이 있다.

참고문헌

김기호·문국현,『도시의 생명력 그린웨이』, 랜덤하우스, 2006.
김태일,『제주도시건축을 이야기하다』, 제주대학교 출판부, 2008.
변병설,「세계의 환경도시 11: 그린웨이(Green Way)의 도시, 미국 데이비스」,『도시문제』 38권 421호, 대한지방행정공제회, 2003.
항봉호·곽정인·박설철·허지연,「도시의 생명력, 그린웨이」,『한국환경생태학회지』 28권 2호, 2014.

저자소개

김태일

동아대학교를 졸업하고 일본 교토대학(京都大學)에서 석박사 학위를 취득. 일본 효고현兵庫県 장수사회기구 연구원, 경남기업 실버사업부 과장으로 근무했다. 1995년 국립제주대학교 전임강사를 거쳐 현재 제주대학교 건축학부 교수로 재직하고 있다. 전공분야는 고령자시설계획이며 지역사회를 기반으로 하는 저출산고령화 대응의 정주환경에 대해 연구하고 있다. 또한, 제주지역의 연구자로서 제주의 특별함을 만들어 내는 땅의 기억과 흔적, 가치와 공존할 수 있는 도시건축의 지향점을 탐구해 오고 있다. 이러한 가치공유를 위해 강연과 언론 기고 등을 통해 도시건축의 대중화에도 노력하고 있다. 주요 저서로는 『고령화사회의 주거공간학』, 『제주건축의 맥』, 『제주도시건축을 이야기하다』, 『제주속 건축』, 『제주근대건축산책』 등이 있다.

양건

연세대학교에서 박사학위를 취득하였다. 1998년 고향 제주에 가우건축을 설립하고, 현대건축의 보편적 이론으로 제주건축을 해체·재구축하는 과정을 통해 '제주성(Jejuism)'을 모색하여 왔다. 2018년 개소 20주년을 기념하여 건축 개인전 'Timescape in jeju'을 전시하였다. 대표작으로는 [제주명품갤러리], [제주아트센터], [(주)NXC센터], [넥슨컴퓨터 박물관] 등이 있다. 또한, 2018년 대한민국 건축문화제 운영위원장으로의 활동을 비롯하여 제주특별자치도 제1기 공공건축가, 제주문화예술재단 이사 등 폭 넓은 대외활동을 하고 있다.

현군출

인하대학교를 졸업하고 2000년 제주에서 건축사사무소 아틀리에 현을 시작으로 현재 ㈜토펙종합건축사사무소 대표 건축사로 재직 중이다. 제주 지역 건축사로써 사회적인 역할에 대한 관심을 갖고 있으며 제주특별자치도 제1기 공공건축가로 활동하고 있다. 대표작으로 [김만덕기념관], [한라산 성판악 탐방 관리사무소], [소암 현중화기념관] 등이 있다.

오창훈

제주대학교 산업대학원에서 석사학위를 취득하였으며 동 대학에서 박사과정 중이다. 현재 제주특별자치도 건축직 공무원으로 정책기획 및 사업 실행 업무를 담당하고 있다. 기획했던 주요업무로서 [제1차 건축자산 기초조사], [건축자산 진흥시행계획 수립], [제2차 건축기본정책 기본계획 수립], [제주형 녹색건축 설계기준 마련], [2018 제2회 제주국제건축포럼] 등이 있다.